商店叢書 ⑥⑦

U0070314

店長數據化管理技巧

任賢旺　　江定遠/編著

憲業企管顧問有限公司　　發行

《店長數據化管理技巧》

序　言

　　許多店鋪經營者在經營過程中覺得競爭激烈，生意難做，競爭環境中，要想成功地經營好一家店鋪確非易事，各環節都不能出錯，感嘆萬分！他們認為，做生意是憑經驗，分析數字太麻煩，那是大公司專業財務人員要做的事情。

　　其實想抓出商店運營漏洞，改善商店業績，數字是最好的線索與佐證。

　　世界上很多著名的企業家和富豪們都是從經營店鋪起步的，比如零售業大王沃爾瑪超市的創始人山姆·沃爾頓，亞洲首富李家誠年輕的時候也是在店裏當夥計，從事銷售工作。開店是創業經營的開始，這些人從店鋪經營中發跡，自此踏上創業發家歷程。

　　要解決店鋪經營者的管理問題，包括沃爾瑪、宜家（IKEA）等企業，斬知道必須靠有效的數據管理，找出店鋪的成功秘訣。

　　店鋪管理數據是店鋪的真實反映，每個數據都是店鋪運營的晴雨錶，把握數據，就可瞭解店鋪的進展情況，發現店鋪存在的問題，透過報表分析，可以增強對商店賣場的有效改善。

對報表的分析，其實就是對運營的分析，將店鋪營業報表上的數字加以計算分析，提供經營管理上對於運營狀況及財務狀態進行分析，以作為管理改善的依據。了解商店營運實情，進而擬定完善的改進對策。

一個年輕人到某公司應聘臨時職員，工作任務是為這家公司採購物品。招聘者在一番測試後，留下了這個年輕人和另外兩名優勝者。隨後，招聘者提了幾個問題，每個人的回答都各具特色，招聘者很滿意，面試的最後環節是一道筆答題。題目為：假定公司派你到某工廠採購 2000 支鉛筆，你需要從公司帶去多少錢。幾分鐘後，應試者都交了答卷。

第一名應聘者的答案是 120 美元。主持人問他是怎麼計算的。他說，採購 2000 支鉛筆可能要 100 美元，其他雜用就算 20 美元吧！招聘者未置可否。

第二名應聘者的答案是 110 美元。對此，他解釋道：2000 支鉛筆需要 100 美元左右，另外可能需用 10 美元左右。招聘者同樣沒表態。

最後輪到這位年輕人。招聘者拿起他的答卷，見上面寫的是 108.3 美元，見到如此精確的數字，他不覺有些驚奇，立即讓應試者解釋一下答案。

這位年輕人說：「鉛筆每支 5 美分，2000 支是 100 美元。從公司到這個工廠，乘汽車來回票價 4.8 美元；午餐費 2 美元；從工廠到汽車站為半英里，請搬運工人需用 1.5 美元……因此，總費用為 108.3 美元。」

招聘者聽完，欣慰地笑了，這名年輕人自然被錄用了。

這名年輕人能夠脫穎而出、應聘成功，是因為他沒有把「大

概」、「差不多」辭彙應用於這道題，而是通過細緻計算得出了一個精確的結果，表現出自己認真、嚴肅的工作作風，此作風恰恰是企業最需要的。

　　長期以來，店鋪經營管理都缺少有系統的日常經營管理方法，無法解決日常運營管理中的具體難題。本書就是針對商店管理，運用店內的報表數據，進行商店經營分析，找出對策，以便改善商店績效。本書由(安徽)王康與(臺北)江定遠企管講師撰寫，兩位都長期在商業經營領域有深厚的經驗，希望這本書對讀者在商店經營有實際的幫助！

2016 年 2 月

《店長數據化管理技巧》

目　錄

第 1 章　店長的管理素質 / 11

店長是店領導者，更是店的管理者，店長的工作能力及領導能力，直接影響整個商店的業績，店長應具有對商品的客觀理解和正確判斷的能力，從店鋪的管理實踐中不斷總結經驗，提升商店業績，充實自己。

第 2 章　店鋪的報表數據作用 / 22

店鋪經營者對於運營有關的資料和報表，必須進行分析比較。在管理實施過程中，管理者要盡可能透過使用數據，使標準、規則簡單明瞭，是店鋪管理改善的依據。

第 3 章　商店各種報表的管理 / 38

嚴格的報表制度，有利於賣場加強對各類數據的管理，能夠系統地反映賣場經營運作中存在的問題，應保持信息報表的迅速性，有助於賣場決策層進行決策和管理。

第 4 章　提升商店利潤的方法 / 49

瞭解利潤的由來，才能分析並改善績效，瞭解三個基本利潤組成因素(銷售額、商品成本、營業費用)，彼此相互作用，要想某一項目進行調整的同時，一定要保持其他因素間的均衡。

第 5 章　商店的經營數據公式 / 72

店鋪經營數據是店鋪的真實反映，把握數據，就可以瞭解店鋪的進展情況，發現店鋪存在的問題，進而改善問題。零售

店鋪經營指標分為收益率指標、人員流動率指標、生產率分析指標、業績達成率及成長率指標，等等。

第 6 章　暢銷品與滯銷品的分析改善 ／ 85

對於銷售的商品，運用表格對商品的暢銷、滯銷情況，對其進行資訊監控，並進行分析，以便及時做出調整。

第 7 章　分析你的營業額構造 ／ 104

銷售額是店鋪的根本，沒有了銷售額，那麼其他的毛利額、純利潤就通通都談不上了。一個簡單數字調整看似容易，卻包含了許多的知識和技能，如經營管理、店鋪陳列、銷售服務等

各個方面的內容，全面瞭解，提高店鋪的營業業績將會水到渠成。

第8章　分析你的客流量潛在奧妙 / 116

透過實際調查案例，分析對商店銷售數據，店鋪經營狀況，影響客單價的原因，店鋪陳列改善、商品價格，員工的服務態度和工作水準等，進行實態分析，尋找對店鋪業績的改善方式。

第9章　商品管理中的數字與報表 / 129

店鋪商品的結構比例，需要經營者細緻地思考，不斷優化商品結構，商品推陳出新，提高店鋪的商品週轉率，降低滯銷品的資金佔壓，從而提高店鋪的總體銷售額。

第 10 章　商店的每日晨會、夕會管理 / 146

每天的晨會、夕會管理是店鋪為發現問題、解決問題、提升績效的過程，是將全體員工集合，交流信息和安排工作的一種管理。運用會議管理，是店鋪管理中的一個有效工具。

第 11 章　如何達成商店的營業總目標額 / 158

設定營業總目標，並將營業總體目標在縱向、橫向或時序上分解到各層次、各部門甚至具體到個人，形成目標體系，明確目標責任，透過合適的手段予以實施和監控，並關注最終結果和評估。

第 12 章　商店賣場的巡店指導員工 / 177

主管巡店是為了及時發現問題，為解決問題而早作準備，經過實地指導之後，管理者需要透過一系列的技術來考核，評

估實地成果。

第 13 章　店鋪陳列的分析 / 183

　　商店陳列項目是商店賣場最具實效的行銷手段，透過對產品、櫥窗貨架、模特、燈光音樂、pop 海報、通道的規劃，吸引消費者目光，引起興趣，激發購買欲望，達到促銷產品、提升品牌形象目的。

第 14 章　顧客服務的診斷 / 187

　　服務顧客不僅要提高顧客的 (售後的)滿意程度，還要提高預期的(售前的)滿意程度。透過診斷發現問題，並提出相應的建議方案和措施。

第 15 章　商店員工的診斷檢查 / 195

在一個商店組織中，員工可以分為四大類，即人在、人材、人才、人財，瞭解店鋪人才模型的目的，找出每個類型員工的問題點，針對性地進行店鋪人員訓練。

第 16 章　商店理貨員的工作 / 204

在零售店鋪中，商店理貨員作業內容可分為營業前、營業中、營業後三個階段，從事商品展示與陳列、標價、排面整理、商品補充與調整、環境衛生、設備運行等作業活動。

第 17 章　精彩案例參考 / 210

透過著名企業的《店長手冊》，瞭解成功企業如何借鑒銷售數據管理與報表，規範出店長提升商店業績應有的作法。

第 *1* 章

店長的管理素質

一、店長的職責

店長是一個店的領導者，是企業文化信息傳遞的紐帶，是公司銷售政策的執行者和具體操作者，是企業產品的代言人，是店鋪的核心。

商店的管理要出效益，才能體現整體的管理水準，如何提高商店的銷售，是整個連鎖行業的焦點話題。店長是一個商店的靈魂，是領頭羊，店長的工作能力及領導能力，直接影響整個商店的業績，為了抓店長管理，無論是零售企業、餐飲服務企業、坐店服務企業，對店長的認識都很明確：店長，就是一個店的管理者。

有許多店長對自己的角色是這樣認識的：一個店就像是一個家，店長就是這個家的家長。家長要操心這個家的所有問題，人員、貨品、衛生、陳列……各個方面都要照顧到，任何一個小的細節考慮不到，就有可能給工作帶來不良影響。

　　更多的企業則希望店長是一名優秀的導演。店面是一個表演的舞台，店堂內的硬體設施就是佈景和道具，而公司一年四季不斷變化的貨品，構成了故事的素材。店長要把這些素材組織成吸引人的故事，講給每一位光顧的客人。故事講得好不好，客人愛不愛聽，全憑店長的組織、策劃和安排、帶動。

　　店長是一個店的領導者，是企業文化信息傳遞的紐帶，是公司銷售政策的執行者和具體操作者，是企業產品的代言人，是店鋪的核心。因此，店長需要站在經營者的立場上，綜合地、科學地分析店鋪運營情況，全力貫徹執行公司的經營方針，執行公司的品牌策略，全力發揮店長的職能。

1. 工作職責

　　⑴將目標傳達給下屬，要掌握每日、每週、每月、累計等的目標達成情況，帶領員工完成公司下達的指定銷售目標，依業績狀況達成對策，領導員工提供優質的顧客服務，並竭力為公司爭取最佳營業額。

　　⑵監管店鋪行政及業務工作，主持早、晚會，並做好記錄。

　　⑶對銷售工作進行分析，每日檢查貨源情況，暢銷產品及時補充，滯銷產品作出合理化銷售建議或退倉，確保日常的銷售。

　　⑷進（退）店的貨品，安排店員認真清點，若發現差異，立即向公司彙報。

　　⑸有效地管理和運用資源，如人力、貨品、店鋪陳列、宣傳用品等。

　　⑹定期對員工進行培訓教育指導，內容包括及閘店工作規範相關的一切規章制度。

(7)傳達公司下達的各項目及促成工作，培訓及管理所有員工。

2.人事管理

(1)督導屬下員工的紀律及考勤。

(2)編排班表，按實際情況作適當修正，並確保下屬準時上班。

(3)建議人事調動、紀律處分、下屬晉升等。

(4)負責執行儀容、儀表標準及制服標準。

(5)培訓員工產品知識、銷售技巧及其他有關之工作知識。

(6)瞭解公司政策及運作程序，向員工加以解釋，並推動執行。

(7)確保每位員工瞭解店鋪安全及緊急指示。

(8)清楚理解有關僱用條例及向員工解釋有關公司守則及福利。

(9)召開店內工作會議，主持早、晚會，並做好記錄，與員工商討店鋪運作及業務事宜，及時溝通，達成共識。

3.顧客服務

(1)指導屬下員工以專業熱誠的態度銷售貨品，提供優質的顧客服務。

(2)有效處理顧客投訴及合理要求。

(3)建立顧客與公司的良好關係。

(4)建立顧客聯繫檔案，以便更好地服務客戶。

4.貨品管理

(1)根據店鋪實際庫存與銷售情況加大補貨量，確保店內存貨適宜或充足。

(2)據總部要求，正確陳列貨品（包括 POP、貨架、櫥窗陳列等）。

(3)根據市場轉變的趨勢改變店內存貨的陳列方式。

(4)監管收貨、退貨、調貨工作，並確保無誤。

(5)監督陳列貨品是否整齊、乾淨、平整。

(6)留意市場趨勢,分析顧客反應,向公司及時反映和提出積極意見。

5.店鋪運作

(1)監管全店銷售工作。

(2)負責開鋪、關鋪,監管收銀程序及操作電腦設備。

(3)維持貨場及貨倉整齊清潔。

(4)保持全場燈光、音樂、儀器(冷氣/工具)的正常運作。

(5)確保店內外裝修、貨架完好無缺。

(6)監管一切店內裝修、維修事項。

(7)負責店內貨品、財物及現金安全及防火工作。

(8)負責陳列工作,維護貨場貨品按公司陳列要求陳列。

(9)確保每週營業報告和分析營業狀況準時、準確遞交。

(10)帶動全體員工,有效提升銷售業績。

(11)編排每週/每月工作計劃及確保文件的妥善歸案處理。

(12)主持店鋪各類會議,作為員工和公司溝通的橋樑。

(13)定期安排導購員瞭解其他品牌的動向,及時向公司反映,加強諮詢流通,監控推廣活動的安排(包括人手安排及贈品按推廣要求正常流通)。

(14)負責退貨、調撥貨品工作並及時輸入電腦或入賬。

6.績效評定標準

(1)達到每月的銷售目標。

(2)提高下屬員工的團隊的凝聚力和對企業的向心力。

(3)提供良好而舒適的銷售環境。

⑷對店鋪所有的財產有保護的義務。

⑸嚴格執行公司的各項制度。

⑹賬目清楚、賬物相符。

⑺每月的各種業務報告按時呈交給公司。

二、店長的技能素質

1.優秀的商品銷售技能，擁有熟練的業務技能

店長對店鋪所銷售的商品應具有很深的理解力，這對業績的提升起著至關重要的作用。

這就要求店長具有對商品的客觀理解和正確判斷的能力。

2.教導下屬的能力

店長身為教導者，應是下屬的「老師」，能發現下屬是否能力不足以及幫助其成長，指揮下屬達到既定目標，從而促使下屬提升業績，讓下屬的能力發揮到極限。

3.良好的處理人際關係的能力

要注意與上級、同事、下屬之間的情感關係。在有親切感的人際關係中，相互的吸引力大，彼此的影響力也就大。對店鋪營運與管理有舉足輕重的作用。要注意與客戶的情感關係。可以增強客戶對店鋪的忠誠度，提升業績。要注意處理好與來店投訴顧客的關係，將客戶流失率降到最低。

4.自我提升的能力

店長要有較強的總結與自學能力，從店鋪的管理實踐中不斷總結經驗，充實自己。只要具有一定的經營管理能力和自我成長能

力，並具有一定的商業經驗或實踐經驗的店長就不會被清除出局。

5.實幹的技能

身為管理者，要讓下屬心服口服地接受自己的指揮，最好是能做到面面俱到。不必凡事親為，但必須凡事會做，做得又好。這樣的店長最易獲得員工的欽佩。

6.店鋪管理的人事組織能力

⑴人事管理能力。留住人才、合理安排班次、降低人事費用等。

⑵溝通能力。具有與上級、同事、下屬、客戶、商場等部門溝通的技巧。

⑶規劃能力。為完成經營目標、改善經營業績，需前有規劃，後有分析。

⑷分析能力。對經營信息、數據進行計算、整理與分析。

三、店長的日常工作流程

1.店長每日工作流程

7：30～7：45 檢查夜間保安巡查記錄

7：45～8：00 一般巡店

8：00～8：30 與樓面經理、部門經理巡店

8：30～9：00 檢查收貨區域及庫存

9：00～10：00 檢查前區入口，收銀區域

10：00～10：30 閱讀昨日銷售報表，庫存報表，檢查收銀現金報告

10：30～11：30 辦公室時間

11：30～12：00 照管生鮮、食品或百貨中一個區域的銷售及服務

12：00～13：00 午餐

13：00～13：30 店內巡視

13：30～14：00 重點巡查某部門（與樓面經理）

14：00～14：30 主持工作會議

14：30～15：30 核查損耗、店用品、清潔、保安、設備、週轉庫、冷庫，檢查員工食堂、退貨情況

15：30～16：00 檢查前區收銀、顧客服務情況

16：00～17：00 檢查補貨和快訊商品

17：00～17：30 檢查庫存商品和貨物堆放

17：30～18：00 巡店，與值班經理做工作交接

交接記錄供店長及副店長使用，須每日執行，存檔三個月，營運部製作。

2.商場值班經理每日工作流程

6：30～8：30 早班

(1)開門，解除監控警報系統。

(2)瞭解值班記錄，並作出相應處理。

(3)巡場：設備、燈光、手推車、清潔、促銷、廣告、冷庫。

(4)準備對店經理的工作報告。

18：00～22：00 晚班

(1)落實店經理交辦事項。

(2)巡查賣場，處理緊急事項。

(3)清場，清查滯留人員。

⑷工作書面交接（值班記錄）。

⑸關門。

3. 樓面經理每日工作流程

8：00～8：30 與店長一起巡店

8：30～9：00 向主管佈置工作並落實開店準備情況

9：00～10：00 巡視所屬區域賣場

10：00～10：30 閱讀報表

10：30～11：30 檢查熱點銷售區域

11：30～12：00 監督各部門回收顧客遺棄商品和貨架整理

12：00～12：30 頂班作業

12：30～13：30 午餐

13：30～14：00 檢查工作落實情況和佈置下午工作

14：00～14：45 核查訂單，並抽查下屬報表

14：45～15：40 巡視賣場

15：40～16：30 檢查庫存及貨物的堆放衛生

16：30～17：30 督查銷售及補貨

17：30～17：45 巡場

17：45～18：00 晚班工作交接

4. 管理人員巡店用表，主管每日工作流程

8：00～8：15 晨會

8：15～9：00 開店準備：價格變動、標牌、商品陳列

9：00～10：00 銷售區域的工作

10：00～10：30 處理報表：銷售、庫存、損耗、移庫

10：30～12：00 所屬區域工作執行

12：00〜12：30 午餐

12：30〜13：30 頂班工作

13：30〜14：00 下訂單

14：00〜14：50 理貨、補貨、整理庫存

14：50〜15：10 工作交接和佈置

15：10〜16：00 堆頭、包裝修復、清潔衛生

16：00〜16：30 處理損耗品、退貨、整理庫存

16：30〜17：30 銷售區域的工作（排面、補貨、拾零、衛生）

17：30〜18：00 晚餐

18：00-19：00 頂班工作

19：00-20：30 銷售區域的工作（理貨、補貨、拾零、衛生）

20：30-21：00 快訊和大宗商品補貨

21：00-21：45 清場、領回退貨、撿拾顧客遺棄商品、安排補貨

21：45〜22：00 下班前的巡場、寫工作交接情況

5.生鮮部經理及主管每日檢查事項

· 生鮮收貨台清潔、整齊。

· 對收貨台稱重儀做稱重測量。

· 抽查 3 樣送貨物品的品質和數量，包括外包裝和重量。

· 檢查收貨及移至冷藏室、冷凍室之間的時間規定。

　蔬果檢查清單

· 蔬果操作間組織好、整潔。

· 所有員工穿標準制服，檢查員工的個人衛生。

· 確保冷藏室、冷凍室清潔、整齊，並有收貨日期的明確標示。

- 檢查營運中的先進先出。
- 檢查工作間的整齊和包裝蔬果程序。
- 稱重測量。
- 檢查促銷商品的銷售情況。
- 檢查所有標牌及糾正錯誤的品名和價格。
- 檢查展示櫃的清潔及更換骯髒和丟失的價格卡。
- 檢查新鮮蔬果的空間佈置。
- 檢查滯銷商品的空間佈置以減少損耗。
- 檢查庫存缺貨、促銷台、端架。
- 以 5 種商品隨機測試稱重儀，做價格和重量精確檢查。
- 根據每一產品收貨標準檢查生鮮蔬果。
- 隨機檢查商品的過期日期。
- 檢查前一天的損耗商品。

  熟食、乳製品檢查清單

- 冷藏、冷凍間整齊、商品先進先出。
- 所有員工穿標準制服，檢查員工個人衛生。
- 檢查冷藏、冷凍儲藏間正確溫度。
- 檢查銷售區域商品陳列及冷凍櫃溫度。
- 抽查 3 種當天收貨的商品品質、重量及包裝規範。
- 隨機檢查商品的過期日期。
- 檢查當天新鮮牛奶的品質。
- 隨機抽查 3 盒新鮮雞蛋的品質。
- 檢查前一天的損耗商品。
- 抽查三種熟食的製作：色、味、香及外包裝。

- 檢查自製熟食的原料、配料使用及有序存放。
  肉類、水產檢查清單
- 預備間的乾淨和整潔。
- 所有員工穿標準制服，檢查員工的個人衛生。
- 冷藏室、冷凍室的清潔，有序存放和正確溫度。
- 所有在冷凍室中的商品有收貨日期、品名、貨號。
- 所有在庫存室中的商品有收貨日期、品名、貨號。
- 檢查展示櫃貨架和服務櫃台的清潔。
- 更換丟失的價格卡。
- 隨機檢查展示櫃裏商品的包裝和切割程序。
- 檢查促銷商品銷售情況。
- 稱重測試。
- 以 5 種商品隨機測試稱量儀做價格檢查。
- 檢查前一天損耗商品。
- 重點檢查展示櫃及庫存中肉類、海鮮品的保鮮情況，並作及時的移庫處理。

第 2 章

店鋪的報表數據作用

很多零售店鋪經營者認為，做生意憑經驗就可以，分析數字太麻煩，那是專業財務人員要做的事情。

想抓出公司運營漏洞，數字是最好的線索與佐證。不管你是不是財務科班出身，常用的財務知識還是要具備的，明瞭，才能把握商店終端運作的關鍵。

一、店鋪銷售報表

對報表的分析其實就是對運營的分析，是將財務營業報表上的數字加以計算分析，成為簡單的比率關係，使所有財務人員及非財務人員可以馬上瞭解各種比率所代表的意義，並進而擬定改進策略。

商店數字很多，零售店鋪經營者對於運營有關的資料和報表必須進行分析比較，提供給店鋪內部經營管理或是店鋪外部關係人使

用，是經營管理上對於運營狀況及財務狀態進行分析，以作為管理改善的依據。經營者在進行經營分析時，主要是以簡單的數字比率關係分析本部及單店的經營狀況，並瞭解經營上的優點和缺點，進而擬定完善的改進對策。

在進行比較分析時，為求各項數字能提供管理上有效的參考，可以進行期間比較、相互比較、標準比較。

商店報表是指以定期或非定期形式提供用於內部溝通、控制、決策的各種報表，作為信息回饋過程中的載體，在管理控制系統中能使零售店鋪更好地進行溝通、控制決策以及業績評價。

1. 報表的意義

報表內容包括成本報表、財務報表、銷售報表、商品信息報表及其他與價值管理有關的內部管理報表，是滿足管理者個別需要的專用報表。提供的信息一般比較詳細，大部份屬於商業秘密，並不向外界傳輸。內部報表的種類、格式、內容、編報時間、報送程序和報送對象由店鋪管理者根據管理需要自行規範。

隨著市場競爭的日益激烈，越來越多的店鋪意識到「抓管理，練內功」的重要性。內部報表作為管理控制的重要組成部份，是店鋪強化內部管理的重要手段。內部報表不僅能將店鋪的經營情況及時地回饋給店鋪管理者，在經營決策上給店鋪管理者提供有用信息，還在各項經營活動中起控制監督作用，並為店鋪業績評價提供相關依據，從而使店鋪更加有效地運行，以提高店鋪的效益。

內部報表為店鋪管理層提供的各種信息，有助於店鋪管理者及使用部門進行有效的溝通、控制、決策和業績評價。從內部報表的目標出發，就以下幾個問題進行研究探討：

內部報表的使用者，即店鋪管理者，可大體分為以下三類：

①高級管理者。他們需要瞭解店鋪全面的運營情況，處於決策角色。

②中級管理者。他們更注重具體的運營控制，協調各部門間的各項活動。

③基層管理者。他們主要是負責協調、控制具體的各項日常業務。

在設計報表格式時應考慮報表的可讀性、可比性，包括報表所列金額的詳細程度，實際業績與績效標準的並列比較等。內部報表格式應清晰明瞭，必要時可運用圖示法增進數字的形象表達能力。

2.報表的特點

內部報表是根據店鋪管理實際需要決定其內容的，並隨店鋪運營情況的變化隨時更新信息。這就需要內部報表內容目標明確，有極強的針對性，重點突出，簡明扼要，使店鋪管理部門準確把握信息，從而更好地做出決策。

店鋪對外財務報表有規定期限，是按月、季、年編制的。而內部報表應該按照店鋪內部管理需要，定期或非定期地、全面地、多角度地回饋店鋪的經營情況，將相關信息及時快速地傳遞給店鋪管理者，使信息傳遞的有效性達到最大。

店鋪對外財務報表往往有法定要求，要按照相關法律法規編制。而內部報表主要服務於店鋪內部，可以按照店鋪內部管理的需要來編制，不必拘泥於法律規定。內部報表所反映的內容應該是多方面的，反映的資料應著重於分析、比較、控制和預測。

二、商店銷售數據分析的作用

　　銷售差異分析是用來衡量各個因素對造成銷售出現差異的影響程度。微觀銷售分析是透過對產品、銷售地區以及其他方面考察來分析未完成銷售目標的原因。

　　做好店鋪銷售管理，不僅是要做好銷售統計，重要的是妥善利用搜集的資料，解讀其在管理上的含義，為貨品配銷、經營績效、商品銷售分析及規劃等提供參考依據。因此，店鋪的銷售管理是重視數字的管理，數字將揭露深藏在管理、市場上的信息。在當今瞬息萬變的競爭市場中，掌握了資訊就掌握了市場的脈動，也就能成為最後的贏家。

1. 商品銷售分析

　　商品銷售經統計後，漸漸可以知道那些商品賣得比較好，那些商品賣得比較差。賣得較差的商品，它的原因到底是什麼？透過實際瞭解或分析，可以讓我們及時做出決策上的判斷：是不是產銷作業的處理過程出現問題？是商品的花色、款式、尺碼、規格的規劃錯誤，還是商品配置不當？賣得比較好和賣得比較差的商品是不是要做追加或停產？賣得比較好的商品要不要調整營業店，讓商品集中在賣得好的店中，是否賣得更快？賣得比較差的商品是不是要有促銷方案，讓商品在當季就可以做最迅速處理？

　　商品庫存銷售百分比＝商品銷售量÷商品庫存量×100%

　　（可以瞭解庫存商品的銷售情況）

　　商品進貨銷售百分比＝商品銷售量÷商品進貨量×100%

（可以瞭解新進商品的銷售情況）

例如：某商品銷售量為 65 單位，進貨量為 80 單位，原配貨中心庫存量為 200 單位，則可知此商品進銷比為 81.25%，但庫銷比卻為 32.5%，顯然商品賣得不錯，但補貨速度太慢。

商品銷售百分比在產銷報表中應做針對不同等級的管理，讓商品銷售的成果易於追蹤管理。

2.目標完成率測算

要瞭解一段時間後銷售目標的完成程度，旬、月、季的銷售累計資料應定期做出來，作為各階段努力的標杆。

公式如下：

目標完成率＝實際營業額÷目標營業額×100%

例如，

某店鋪 2009 年 3 月的目標營業額為 120 萬元，該月的實際營業額為 125 萬元，則該月目標完成率為多少？

$$目標完成率＝實際營業額÷目標營業額×10\%$$
$$＝125\ 萬÷120\ 萬×100\%≈104\%$$

當然，除業績外，目標的制定、對整體經營環境較深刻的認識和切合公司的發展目標等因素，都將對目標完成率產生不同程度的影響。

3.業績反映及補貨的參考

銷售日報、月報是每日、每月銷售活動的第一手資料，各營業店當天銷售的情況都顯示在該記錄中，這是最快也是最直接提供給配銷中心補貨的參考資料。

4.營業績效增長率

店鋪經營所需的人力及各項費用都在逐年增加,因此經營成效也必將隨之增加,營業績效增長率也就成為測評業績是否增長的最基本的指標。具體指標為營業額增長率和毛利額增長率。

①營業額增長率的計算

營業額增長率＝本年某期增長營業額÷去年同期營業額×100%

例如,某店鋪 2009 年 5 月營業額為 125 萬元,去年該月營業額為 130 萬元,則其營業額增長率為多少?

$$營業額增長率＝本年某期增長營業額÷去年同期營業額$$
$$×100\%$$
$$＝(125－130)萬÷130 萬×100\%$$
$$≈-3.85\%$$

再如,2009 年 6 月,某店鋪營業額為 140 萬元,去年該月營業額為 130 萬元,則其營業額增長率為多少?

$$營業額增長率＝本年某期成長營業額÷去年同期營業額$$
$$×100\%$$
$$＝(140－130)萬÷130 萬×100\%$$
$$≈7.7\%$$

②毛利額增長率的計算

毛利額增長率＝本年某期增長毛利額÷去年同期毛利額×100%

例如,2009 年 7 月某店鋪毛利額為 53 萬元,去年該月毛利額為 65 萬元,則其毛利額增長率為多少?

$$毛利額增長率＝本年某期增長毛利額÷去年同期毛利額×$$
$$100\%$$
$$＝(53 萬－65 萬)÷65×100\%$$
$$＝18.5\%$$

營業額增長率需要和每人經營增長率互相比較，才能知道真實的增長率是多少。如每人經營率是否與營業額增長率同步？若是，即增加人員的投資，帶來營業效益；若否，增加人員的投資將侵蝕公司的營業利潤。此外，營業額增長率也必須與毛利額增長率相比較，方知營業額增長是否為公司帶來實質的效益。若否，則光是營業額增長，但是毛利額卻減少，對公司經營來說，勢必造成沉重的負擔。

5.商品銷售毛利率

瞭解各商品的銷售毛利率，便能淘汰弱勢、低毛利率的商品，增加強勢、高毛利率的商品。

$$商品銷售毛利率＝商品毛利÷商品營業額×100\%$$

如某商品營業額為 125000 元，毛利為 75000 元，則其銷售毛利率為 60%。分別求出各商品的毛利率，毛利率按高低排列，就可看出那些商品值得投資，那些商品應淘汰。

6.商品規劃的參考

銷售結果統計分析後，可作為下一季商品採購或生產的參考依據。例如說，商品銷售比例是否符合銷售目標，是否在下一季需要調整商品構成的比例，商品花色、成分、款式、價位、尺碼規劃比例是否滿足營業的需求，各營業店的商品配置是否恰當……這些市場的反應，透過銷售資料的統計分析都可窺出端倪。

7. 評估促銷活動成果

　　促銷活動是在某一特定時間內針對某一事件的銷售活動，如裝修後開幕、年慶、節慶(情人節、母親節、父親節等)、新商品上市、季末清倉等，活動結果可憑藉銷售資料的回饋作為比較的基礎。

三、透過店鋪數據管理，可提高運營效率

　　A 公司是某市主要大型連鎖超市公司之一，下屬 20 個店鋪，店鋪面積從 1000～3000 平方米不等，分佈在該市市區和下屬各鎮。A 公司有一個大約 8000 平方米的配送中心和 500 平方米的總部辦公室，年營業額近 3 億元。A 公司連鎖經營，統一管理，統一採購，由配送中心統一配送的商品約佔 80％的比例。

　　A 公司管理人員的學歷水準不算很高，但很好學，工作起來雷厲風行，富有團隊精神，公司員工非常刻苦勤奮。

　　A 公司現有電腦管理系統已使用三年，具備前臺收銀、店鋪管理、配送中心管理和總部管理的網路管理功能，但系統運作狀況一直不好，A 公司和系統供應商互有抱怨，A 公司系統的主要使用人員，如採購、店長等對系統很不信任，認為系統經常出錯，功能不全，更沒有辦法相信電腦中的數據。A 公司的管理人員說：「他們當時說，用上系統之後就什麼都知道，結果我們用幾年，仍然是什麼都不知道。」A 公司的系統供應商是一家國內較大型的專業零售軟體公司，國內也有許多用戶在使用該軟體，其系統相對比較成熟。

　　後來，A 公司董事會為了提高管理規範化水準，聘請獨立

管理顧問程先生以該公司副總經理的身份主持工作。透過一段時間的分析論證，程先生認為沒有高品質的數據信息作為支撐是不可能達到規範化管理要求的，於是數據化管理就被確定為提升 A 公司管理的突破口，並將隨後的工作分為兩大階段進行——數據清洗和整理，數據化管理工作的展開。

當系統數據品質足以支撐管理要求時，程先生以目標管理的方式，引導店鋪將系統數據大量應用於一些店鋪關鍵管理問題的解決，數據化管理工作逐步展開。

程先生在和店鋪中高層管理人員多次反覆討論篩選之後，確定了一些店鋪多年遺留的老大難問題，並以此為階段性的管理目標，限期解決。這些問題包括：

(1)歷年積壓的滯銷商品太多；

(2)店鋪對 75%的商品到貨率很不滿意；

(3)沒有一項總體控制指標來反映採購人員是否在爭取最低進價及其成效；

(4)無法掌握每個供應商的銷售和毛利情況；

(5)重點商品沒有明確劃分，也得不到重點管理；

(6)系統中的毛利率長期不準，導致無法向相關業務部門、店鋪下達利潤目標和其他經營指標；

(7)新商品的引進沒有評價依據。

針對這些核心管理問題，程先生組織設計了一套管理報表，報表按照不同的管理職位(例如部門經理、採購員、店長等)和天、週、月的類別劃分，本著 20/80 法則，將每個管理職位常用報表數量確定在 6～8 張以內。

　　KPI 指標和報表設計出來之後先由電腦部試用兩週，然後對其中的數據指標含義、準確性和重要性等進行深入分析，最後確定。KPI 指標和報表定稿後，A 公司又對每一個使用者再次進行培訓，詳細講解各種指標和報表的含義，強調這些數據都是現實經營水準反映，各管理人員有責任改善這些指標。

　　透過新 KPI 指標和報表，管理人員發現許多難以置信的問題，例如三個月內無銷售的單品竟達 1000 多種；實際到貨率只有 75% 左右；一年累計採購金額不超過 10 萬元的供應商竟有近百個等等。

　　經過半年左右集中清理，上述管理問題得到明顯改善，歷年積壓商品全部得到清理，新的滯銷商品能夠及時發現和處理，不再過多地佔用貨架和資金；店鋪商品到貨率平均達到 85%，重點商品到貨率保持在 95% 以上……程先生根據業務需要，運用了進價指數的新指標，衡量總體商品採購進價下降幅度，結果整體採購進價降低了 0.3%；對所有供應商進行了合理調整，供應商數量由 800 多個縮減到 500 多個；確定了重點商品的範圍，對大約 1000 種商品實行採購、配送、店鋪銷售的全過程重點管理，重點商品銷量提高約 10%；系統的毛利率、毛利潤等數據可以直接提供給財務部使用，實現財務數據的無縫鏈結，並可以對店鋪和採購部門下達毛利指標；對新商品引進制定了規範管理體系。

　　透過近一年的數據化管理工作的開展，A 公司的多數管理人員都意識到了系統數據的應用價值，學會了運用系統數據幫助自己的工作開展，減少了部門和人員之間的扯皮推諉，為 A

公司內部精細化管理(如促銷管理、商品 ABC 管理、商品結構調整和全員績效管理等)奠定了基礎。

四、各類店鋪報表

商店報表提供管理者瞭解店鋪運營狀況，可作為決策參考。

(1)基本資料類管理報表

①核對所有商品分類歸屬正確與否；

②核對廠商基本資料；

③核對商品基本資料、進售價、毛利分析；

④核對各廠商所提供商品進價及毛利分析。

(2)單品各分類銷售類管理報表

①分析商品數量或金額，如 A 級商品銷售最好，C 級商品是否要促銷以提高業績；

②分析某期間商品進貨、銷售及目前庫存量數據；

③分析商品稅別統計資料；

④分析每日營業額及達成率；

⑤分析各分類的銷售數量、金額及毛利率；

⑥將各分類含稅及未稅的營業額區分，提供報稅資料。

(3)廠商賬務類管理報表

①統計廠商進貨發票與整賬付款；

②統計廠商扣款或贊助金額；

③分析每月進貨應付款金額；

④統計每月廠商保留款金額。

(4)採購進貨類管理報表

①列印每日採購商品的數量及金額；

②分析已下訂單但廠商尚未進貨資料；

③分析廠商所提供商品的進、銷、存狀況；

④分析廠商進貨量或金額，分為 A、B、C 三級，分析某些商品的週轉率；

⑤分析廠商進貨量或金額；

⑥每日進貨驗收日報表。

(5)特賣變價類管理報表

①核對與檔期或臨時性特賣的商品資料；

②分析檔期中商品銷售；

③分析臨時特賣商品銷售業績。

(6)庫存盤點類管理報表

①列印盤點；

②分析某期間商品出入庫價值；

③分析盤點與電腦庫存資料，計算盤盈和盤虧；

④分析各分類庫存統計資料；

⑤分析各廠商庫存統計資料；

⑥由上次盤點至今總進、銷、存狀況。

(7)收銀機類管理報表

①核對每日由收銀機傳回銷售資料正確與否；

②可測試出收銀機交易所發生的異常資料；

③模擬前臺作廢功能，核對作廢金額。

(8)客戶管理報表

①分析會員交易統計資料；

②分析會員消費行為與商品結構情形；

③提供檔期 DM 郵寄會員名冊；

④統計會員消費額度排行。

(9)人事考勤類管理報表

①核對員工基本資料正確性；

②核對員工每日出勤卡異常資料；

③統計每月員工上班時數及出缺勤情形；

④分析各部門人事費用資料；

⑤核對員工薪資資料；

⑥統計員工年收入資料，並提供具體申報。

五、各部門都可運用數據管理

　　李先生原在工廠部門任經理，被公司調往連鎖店管理部門，他一向強調「數據管理」，數據它代表事實，代表精度，是最好的標準，這也是生產管理的最基本要求。

　　在管理實施過程中，生產主管要盡可能透過使用數據，使制度、標準、規則簡單明瞭，可操作性強。例如，關於產品保質期，「常溫下保質六個月」，就沒有「5℃～25℃保質約六個月」說明得清楚。

　　數據是最基本的管理工具，也可以說，生產管理就是管數據。數據可以分為數字數據、圖文數據兩大類型。數字數據最常見，在

生產管理中應用也最為廣泛，但圖文數據在一定的環境中有特殊作用。

數字數據，如「提高產量 10%，成本下降 1%」等。

圖文數據，就是一些圖片資料，有些情況下圖文數據比數字數據更直觀、更有說服力。比如由於各種各樣的事故、意外造成班組停工，這個時候把現場拍攝下來留檔備查。對於分析事故原因，為上級處理提供依據，大有益處。因為圖片是第一時間拍攝的，沒有任何人為變動的痕跡，所以說服力最強。

對生產組員工作業動作進行拍攝，然後觀察、對比、發現不足，進而尋找改善的方法，可以使操作變得更加合理，避免不必要的動作浪費。

目視管理手法在班組中的應用可以讓潛在問題顯著化，使班組員工一看就懂，一學就會，對班組管理的改善很有好處。尤其是花費不多的管理看板的應用，更是班組提高效率、避免差錯的強大手段。這些也都是圖文數據在班組管理中的應用。

數據管理最主要的目的是透過對統計數據的分析對比，找出存在的不足，改進提高。

企業對這些數據有一個最基本的的要求，那就是真實，絕不容許有半點虛假。為了督促員工認真做好記錄，防止弄虛作假，工廠主任、班長不得不時常抽查。

1. 用數據明確要求，讓班組員工知道怎樣做是正確的。例如，焊接厚度在 2.9～3.0 毫米之間。

2. 用數據明確標準，方便讓班組員工知道做到什麼程度是正確的。例如，員工每月請假次數不得高於 2 次。

3.用數據明確目標，讓班組員工知道向何處努力。例如，今年班組產量要比去年提高 10%。

4.用數據評估執行，讓班組員工知道計劃完成情況。

例如，原計劃單件產品用電 5 度，結果統計顯示，近段時間單件產品用電 4.5 度，比原計劃節約了 0.5 度電。

六、利用數據，也可進行現場生產作業的管理

1.利用數據進行班組作業排序

作業排序是班組有計劃開展生產的基礎，班組要採用簡明、實用的方法做好這項工作。利用數據進行分析、比對後再對作業進行排序就是一個相當不錯的辦法。

每一個班組技術條件、生產狀況都有差異，安排生產日程表的要求也不一樣，但有一點要求是共同的，那就是對生產日程的安排必須能保證不窩工，達到最大化效益的人機配合。

2.利用數據控制技術狀況，切實保持班組產品品質。

班組員工可以利用一些簡單的數據管理技巧，對班組產品品質進行控制。如，班組應對生產中出現的廢品(或不合格品)進行掌控，先要調查造成廢品的項目及這些項目所佔的比率大小。把預先設計好的表格放在生產現場，讓班組員工隨時在相應的欄裏面畫上記號，填寫數據，下班時做好統計，就可以及時掌握情況。

一個週期(一般為 1 個月)，班組要對收集到的數據匯總，列出產生廢品的原因，並在考慮解決難易程度的情況下，採取應對措施。

3. 透過數據看到數據背後的現狀，找到班組管理的漏洞。

在班組日常管理中，可以透過採集數據、分析數據，找到班組管理改進的新途徑和新方法。

⑴把數據作為班組管理中最好的手段，注意原始數據的收集工作。收集數據的基本要求：真實、準確、及時。

⑵對比較龐雜的數據要做好歸類、整理工作。

班組數據分類的方法很多，例如按管理的類型、按組別、按產品品種等。班組可以根據具體情況選擇一種，按管理的類型是最常用的分類方法。

按管理類型，班組數據可以分為：技術數據、產量數據、質量數據、設備管理數據、成本數據等。

在分類的基礎上，還要做好班組數據的歸檔、整理工作，一個類型的數據可以按照時間的先後順序匯總，1個月或1個季為一個考查期。

⑶透過數據的對比、分析，發現問題，找到解決問題的方法，使班組工作不斷的改善，這是班組數據化管理的根本目的。

圖 2-1　班組數據管理基本流程

第 **3** 章

商店各種報表的管理

一、店鋪的報表管理

嚴格的報表制度，可對作業人員產生束縛力，督促他們克服惰性，使之工作有目標、有計劃、有規則；嚴格的報表制度也有利於賣場加強對各類數據的管理，能夠系統地、直觀地反映賣場經營運作中存在的問題，有助於賣場決策層進行科學的決策和賣場管理。

在整理報表時，應保持信息報表的迅速性，失去時效的報表資料也將失去市場的先機。為了得到充分的市場資訊，完成一筆交易的同時，應及時將銷售資料正確且快速地輸入營業店的電腦中，或填好報表寄送資料處理中心。

①日報表必須在當天營業結束前半個小時完成，併發至總部（在零售公司規定的時間內可用傳真的方式）；在製作報表時間段內的銷售劃到第二天的報表中，並於第二天營業時間開始的一個小時內傳真到代理商處，由代理商統計匯總製作銷售日報表並於當天傳

真到總公司。

②週銷售報表、週銷售分析表，必須在當週的最後一天營業結束後製作完成，並於第二個營業週的星期一的上午傳真到總公司；月銷售報表、月銷售分析表等必須在當月的最後一天營業結束後製作完成，並於第二個營業月的第一天傳真到總公司。

要使銷售資料充分發揮其實用的功能，事先就得做好完善的銷售管理系統規劃，一般管理的分類如下：

①依時間分：日報、月報、季報、年報。

②依通路性質分：自營店、加盟店、專櫃。

二、店鋪的銷售日報表

銷售日報是每日銷售活動的第一手資料，各營業店當天銷售的情況都顯示在該記錄中，這是最快也是最直接提供給配銷中心補貨的參考資料。分析日報表的目的如下：

①終端店鋪個人銷售跟蹤依據。

②各主要店鋪的銷售表現及產品類別銷售結構分析的依據。

③用於價格帶、連單率、坪效、人效的計算和分析。

④與去年同期銷售進行比較。

⑤競爭品的同日銷售狀況分析與比較。

店鋪銷售日報表應該顯示的信息：單品銷售信息及排名、店鋪成員銷售信息、當天客流情況、競爭品信息、庫存信息、其他補充信息和個人銷售信息幾大部份內容，報表欄目不是固定的，在每部份內容中經營者可根據實際需要來設置細分內容。表 3-1 中的內容

可供經營者借鑑使用。

表 3-1　日報項目

日報表欄目	包含的內容
單品銷售信息	商品名稱、商品編號、商品數量、顏色、價格、折扣、實績、陳列區域等
銷售狀況	當日銷售信息、目標達成率、當週累計信息、去年同期比、去年同期累計
來客狀況分析	光顧人數、購物人數
競爭品信息	品牌名稱、上市新產品、銷售額、去年同期比
庫存信息	昨日庫存、今日調入、今日調出、退貨
其他補充信息	如當日發生的突發事件、顧客投訴處理等信息
個人目標完成情況	店鋪中每個銷售人員的目標及達成情況

分析日報表的目的：

①終端店鋪個人銷售跟蹤表；

②各主要店鋪的銷售表現及產品類別銷售結構分析；

③價格帶、連單率、坪效、人效；

④與去年同期銷售進行比較；

⑤競爭品的同日銷售狀況。

三、店鋪的銷售週報表

店鋪銷售週報表是反映店鋪一週的銷售信息的報表，因此內容需要加以歸納和分析。銷售週報表的作用如下：

①週區域性各主要店鋪的銷售表現及產品類別銷售結構分析依據。

②用於進行新上貨品不到一週的銷售分析及市場回饋。

③各主要色系的銷售趨勢分析依據。

④用於價格帶、連單率、坪效、人效的計算和分析。

⑤與去年同期銷售進行比較。

⑥競爭品的同週銷售狀況分析與比較。

⑦前十名是否加單；後十名是否需要調整打折；滯銷原因。

店鋪週銷售報表的具體項目如表 3-2 所示。

表 3-2　週報項目

週報表欄目	包含的內容
週銷售信息	週目標預算、實績、目標達成率、去年同期比、去年環比
本月累計	月預算、實績、達成率、去年同期比、去年環比
競爭品信息	競爭品牌名稱、實績、去年同期比、去年環比
本週概況	問題與成績
重點報告內容	顧客、競爭品、商品、賣場、暢銷品、滯銷品的情況
下週對策	商品對策、銷售對策、陳列對策

四、店鋪的銷售月報表

店鋪銷售月報表是反映店鋪一個月的銷售信息的報表,具體項目如表 3-3 所示。

透過每月銷售目標與每月實際銷售達成(實際銷售＝銷售額－退換貨或者其他)對比(即達成率是多少),找出達成率低或沒有完成銷售目標的原因,必須在下個月進行改正;找出達成率非常高或超額完成銷售目標的原因,之後在銷售工作中不斷地複製及改進。

表 3-3　月報項目

月報表欄目	包含的內容
進銷存統計	每月的銷售實績、原價銷售、原價進貨、原價庫存
計劃執行狀況	各指標如銷售實績、原價銷售、進貨、庫存等的預算、實績及達成率
顧客購買數據分析	來店人數、購買人數、購買率、客單價、坪效的分析
本月概況	對於成績及問題的分析
重點報告內容	顧客、競爭品、商品、賣場、暢銷品、滯銷品的情況
下月對策	商品對策、銷售對策、陳列對策

銷售月報表的作用如下:

①預算計劃不修正,是否可以良性推進?

②需要明確下個月的工作內容是什麼。(應該強化的商品、應該處理的商品等)

③用於價格帶、連單率、坪效、人效的計算和分析。

④月區域性各主要店鋪的銷售表現及產品類別銷售結構分析依據。

⑤用於進行新上貨品一月內的銷售分析與市場回饋。

⑥用於進行季節店鋪銷售變化及產品類別銷售結構分析。

⑦各主要色系的銷售趨勢分析依據。

⑧與上一年同期銷售進行比較。

⑨用於進行競爭品銷售跟蹤分析。

透過月銷售報表可以清晰地瞭解以下內容：

(1)全面瞭解進貨情況

透過某月或者截至某日的各貨品(品規)進貨結構，可以全面瞭解該客戶總體進貨是否合理，是否存在過度回款現象(即通常所說的壓貨)，同時也可全面瞭解各貨品之間的進貨是否合理，是否與公司的重點貨品培育目標一致，是否存在個別貨品回款異常現象。

(2)全面瞭解銷售情況

透過每月銷售情況，可以全面瞭解公司的每月銷售總體情況及各貨品銷售結構以及在某階段時期內的銷售增長率、環比增長率等，從而發現有望實現銷售增長的品種。

透過銷售回款比可以及時發現銷售失衡的品種，為尋找原因、採取有效措施爭取最佳時機。

(3)全面瞭解庫存情況

透過對庫存結構的分析，可以發現現有庫存總額以及庫存結構是否合理，透過庫存銷售比可以判斷是否超過安全庫存，如果庫存過大，那麼過大的原因何在，是否與分銷受阻、競爭品有關。

有利於銷售主管及時採取措施，加大分銷力度，降低庫存，避免庫存貨品因過了期而產生退貨風險。對低於安全庫存的產品，要加大供貨管理力度，避免發生斷貨現象。

當然，要使此表更有效地達到上述目的，除了上下高度重視並設計合理完善的上報及回饋流程外，還應注意以下關鍵事項：

首先，必須確保報表數據的真實性，如果信息數據失真，那麼將失去它存在的意義，甚至會使銷售主管作出錯誤或者與事實完全相反的判斷，進而作出錯誤的行銷決策。因此，業務人員必須本著實事求是的工作態度，如實填報。

其次，製作此表並加以分析如同收藏古董，貴在堅持。而且堅持越久，作用越大。因此切不可半途而廢。一般來說，實施此表的上報初期，業務人員操作不熟練，認為填寫報表太麻煩而且難度較大。對此，店鋪管理者要有心理準備，不斷地督促，堅定信心，堅持不懈。

最後，如能借助一些管理軟體，則可以提高數據處理速度及分析水準。如果再結合網路技術實施信息共用的話，則無異於錦上添花，從而使銷售月報表產生最大作用。

五、數據分析的方法

如何從商店的關鍵數據中發現商店的問題？透過銷售數據分析表來進行分析，一張完善的店鋪銷售數據分析表如表 3-4 所示。

表 3-4　　店鋪銷售數據分析表

店鋪名稱：　　　　　　店員人數：　　　　　　店鋪面積：

店鋪級別：　　　　　　填寫日期：

項目	年		月			週			日			存在問題	改進建議
	去年	本年	去年同月	本年上月	本月	去年同週	本月上週	本週	去年同日	上月同日	本日		
銷售目標													
銷售額													
連帶率													
客單價													
平均單價													
人效													
坪效													
週轉天數													
分類銷售額													
庫存金額													
個人銷售排行													
暢銷款（5款）													
滯銷款（5款）													

1. 數據分析。

例如，2011 年 11 月 26 日至 12 月 8 日某店鋪兩週比較報表，見表 3-5。

表 3-5　某店鋪兩週比較報表

數據項	本週	上週	同比
銷售件數	47	93	-49.40%
銷售金額	11963	18471	-35%
購買客人數	31	57	-45.60%
平均附加銷售率	1.5	1.62	-7.40%
平均件單價	269	205	31.20%
平均客單價	395	324	22%
進貨總數量	292	631	
期末庫存	1560	1319	

2. 根據表 3-5 的數據，會發現什麼問題？數據分析從何者著手？

① 對 VIP 客戶的管理要加強。

② 新品推廣不到位。

③ 員工跟進不及時。

④ 應找出聯單下降的原因。

3.提升業績的方法，如表 3-6 所示。

表 3-6　業績提升方法

1	採取以級別為導向、考核表為工具、激勵為機制的形式進行推廣新品的活動	這一環節需要提升店長專業技術，在例會、各個級別的員工的管理與調配、貨品有效使用等方面對店長進行指導
2	VIP客戶的管理要加強	購買客人數是反映客流的重要指標。新品時期和折扣時期及交替季節更能體現對VIP客戶的管理水準，這一時期，需要緊密跟進VIP客戶，要求店長邀約他們惠顧體驗新品
3	加強新品籌備推廣	加強新品的推廣，需要督促店長做以下工作： a.加強員工對新品的瞭解和銷售信心。剛剛經過折扣換季，員工習慣了打折銷售，往往對沒有折扣的新品心裏沒底，缺乏推銷信心，因此首先要去調整員工的心態 b.加強新品培訓 c.審核員工對今年的流行風格、流行顏色、流行面料是否明確 d.加強對品牌設計背景的瞭解 e.熟悉品牌各個波段的主題
4	找出影響附加銷售率的原因	影響附加銷售率的主要原因有：訂貨、貨品組別、上貨波段、店鋪級別、貨品陳列、員工素質。提升聯單的方法主要有： a.加強對VIP客戶的維護管理，目的就是透過人為手段增加客流 b.到現場關注員工的售前工作進行的速度 c.到店觀察情況是否屬實 當我們發現聯單下降的時候，教練的工作就是要及時督促店長，分析出業績下降的主要原因是VIP客戶管理的問題還是因為員工缺乏銷售技巧和銷售激情；是店鋪對主推貨品的陳列不到位，還是配貨不符合店鋪的層次需求等。教練要根據對店鋪現場的觀察來及時地作出判斷和處理問題。
5	確認店鋪的準備是否充分	這一環節的內容包括： a.人員儲備是否到位 b.物料準備是否齊全 c.與促銷方案配合的禮品是否提前驗收

4.解決對策。

在推廣過程中碰到員工跟進不及時，導致新品推廣力度不夠，銷售結果打折扣的情況，教練該如何輔導？

出現這樣的問題，重點需要掌握的是如何跟進員工推新品。在具體操作上要做好以下幾步：

①找出推進中的困難點？

②找到員工的問題：是會推不去推還是不會推？

③收集推動新款的各類方法。

④整理數據並與各位員工共用。

心得欄 --

第 **4** 章
提升商店利潤的方法

不論店鋪大小，商店主管要對數字有充分的敏感，必須對店鋪的運營狀況及財務指標進行分析，以作為店鋪管理改善的依據。在進行經營分析時，要以簡單的數字比率關係分析商店的經營狀況，並瞭解本店鋪在經營上的優點和缺點，進而擬定完善的改進對策。

一、提升店鋪利潤的三種方法

在工作中，要熟悉店鋪利潤產生的費用的內容，隨著組成利潤的各基本組成因素的變化，淨利潤也將一直會有變動。此三個基本利潤組成因素（銷售額、最終商品成本、營業費用）之間都相互作用，因此要想對某一項目進行調整的同時，一定要保持其他因素間的均衡。例如下列情況：

⑴當增加銷售額時，最終商品成本同時也要增加，增加額度相當於銷售額的上升比率，營業費用則要在銷售額上升比率以內增加

或不增加。

⑵在銷售額沒有下降的情況下減少最終商品成本。舉例來說，透過銷售價格上調幅度較大的商品或者利用運送費折扣或現金折扣等來減少最終商品的淨成本。

⑶減少費用。例如，預計在會計期間零售店的實績將會達到以下數據：銷售額 100000，採購成本 70000，總營業費用為 25000。去年零售店達到的利潤率為 5%，如果今年要想達到更高利潤率的話應該採取什麼樣的方法呢？

表 4-1　店鋪基本利潤組成因素

項目	金額/元	比率
銷售額	100000	100%
最終商品成本	70000	70%
總毛利	30000	30%
營業費用	25000	25%
淨利潤	5000	5%

【第一種方法】

增加銷售額，但最終商品成本同時也要增加，相當於銷售額的上升比率，營業費用則要在銷售額上升比率範圍內增加或不增加。假如銷售要提高至 110000，則如表所示。

表 4-2　提升店鋪利潤的方法（一）

項目	金額/元	比率	說明
銷售額	110000	100%	增加銷售額
最終商品成本	75900	69%	減少最終商品成本比率
總毛利	34100	31%	增加總毛利金額以及比率
營業費用	28050	25.5%	增加營業費用金額以及比率
淨利潤	6050	5.5%	增加淨利潤

【第二種方法】

在銷售額沒有下降的情況下減少最終商品成本，降低商品的銷售成本的方法有如下幾種：

①監測有關供應商和分銷商所提供商品的價格交易條件。

②以消費者需要為指南，與供應商認真計劃促銷，合理進貨，達到單品和單位供應商最大的進貨折扣，並爭取較多的促銷費用。

③以滿足消費者需要為綱，透過有效客戶反應和品類管理，在各個品類中達成合理的商品單品廣度和深度，淘汰效率低的商品和供應商，相對集中採購以達到較好的條件。

④認真分析數據資料，決定合理進貨水準，減少壞貨和增加庫存週轉率。

⑤優化存貨和配送流程，減少不必要的庫存和配送成本。

⑥在資金充裕的前提下，對個別商品可採取「現結」方式。

表 4-3　提升店鋪利潤的方法（二）

項目	金額/元	比率	說明
銷售額	110000	100%	增加銷售額
最終商品成本	77000	70%	商品成本比率不變
總毛利	33000	30%	增加總毛利金額
營業費用	25300	23%	增加營業費用金額以及比率
淨利潤	7700	7%	增加淨利潤

【第三種方法】

減少費用。如果能在其他條件不變的前提下減少費用，降低商品的運營費也可實現淨利潤的增加，具體方法有如下幾種：

①讓員工採用合理的針對客流高峰的彈性上下班制度，減少平均實際在編員工。

②加強防盜措施，減少因防盜失誤所蒙受的損失。

③認真核算各種日常運營開支的合理性。

表 4-4　提升店鋪利潤的方法（三）

項目	金額/元	比率	說明
銷售額	100000	100%	增加銷售額
最終商品成本	70000	70%	商品成本比率不變
總毛利	30000	30%	增加總毛利金額
營業費用	24500	24.5%	減少費用 500
淨利潤	5500	5.5%	增加淨利潤

二、提升店鋪利潤的關鍵數字

　　與零售店鋪經營利潤相關的名詞主要有銷售額、商品成本和營業費用。

　　零售店的功能可以理解為在給消費者提供商品的同時創造利潤。零售業利潤分析中最重要的財務記錄之一就是盈虧報表，透過此表可以評估出那一種商品正在創造利潤。

　　透過盈虧報表可以將現在的實績與過去的實績進行比較，並進一步展望未來的業績。

　　零售店購買商品並制定零售價格的採購負責人，必須熟悉利益組成因素之間的相互作用。經營者也只有能夠理解經營數字時才可以綜合地理解市場環境，並從而實現高利潤的目標。

(1)銷售總額

　　銷售總額是在一定時間內銷售商品而得到的總金額，由各個商品銷售價格與實際的銷售量相乘而得出。

　　為了計算出準確的總銷售額，經營者要考慮退貨以及銷售折扣兩部份內容，這兩種調整事項統稱為客戶退貨以及津貼。如果有顧客退貨或者得到津貼的話則要修改原先的銷售記錄，要從銷售總額當中扣減相當的金額。

　　銷售總額當中扣減相當數額的客戶退貨以及津貼之後的剩餘數額稱為淨銷售額。淨銷售額則是一個能夠反映實際銷售商品量的指標，這個數字更有意義，原因在於利潤實際上只會發生在已售出的商品上。因此，通常所說的「銷售額」實際上就是淨銷售額。

(2)商品成本

商品成本是為了購買所銷售的商品而支付的費用，包括商品運送費用、商品管理費用和現金折扣費用。

(3)營業費用

營業費用可以分為兩大部份：直接費用包括採購負責人、採購助理、銷售人員的工資，廣告費用，銷售道具費用，顧客快遞運送費用等內容，直接費用從各部份支出並且各部份獨立計算淨利潤。間接費用主要包括商場維持費用、保險等內容，間接費用會均勻分配到各店鋪，其分配比率依據銷售額的多少來決定。

三、關鍵數字的詳細說明

1. 銷售總額

店鋪產生利潤的基本因素是由各細分附屬因素組成的，下面逐一來瞭解。

(1)銷售額

銷售額是在一定時間內透過銷售商品而發生的最初銷售額的總和。公式如下：

$$銷售額＝零售價×實際售出數量$$

例如， A 店鋪銷售的產品為數碼電腦產品，週一這一天賣掉了價位為 5000 元的 15 台，5980 元的 11 台，8880 元的 5 台，這一天銷售總額是多少？

5000 元×15＝75000 元

5980 元×11＝65780 元

8880 元×5＝44400 元

當日銷售總額＝75000 元＋65780 元＋44400 元

＝185180 元

(2)退貨

客戶退貨以及津貼是組成利潤的因素，如果顧客退貨，或者得到了部份折扣的津貼優惠，必須把相應的金額從銷售總額裏扣除。因退貨以及津貼發生的費用是用相對銷售總額的百分比來表示的，即客戶退貨以及津貼率。公式如下：

顧客退貨以及津貼率＝客戶退貨以及津貼/銷售總額×100%

例如，服裝專賣店上一週 7 天的銷售總額為 150000 元。本週剛過，遇到客戶退貨，總計費用為 2600 元，那麼本週的客戶退貨以及津貼率是多少呢？

顧客退貨以及津貼率＝2600 元/150000 元×100%

≈1.73%

反之，如果知道客戶退貨以及津貼率和總金額的話，也可以計算出客戶退貨以及津貼金額。公式如下：

客戶退貨以及津貼金額＝銷售總額×客戶退貨以及津貼率

顧客退貨以及津貼率越高，說明發生的退貨或者給顧客的折扣越多。所以，在店鋪此數值越低越好，打折促銷活動除外。

(3)淨銷售額

淨銷售額是從一定時間內的銷售額扣除客戶退貨以及津貼金額後剩下的費用。公式如下：

淨銷售額＝銷售額－客戶退貨以及津貼金額

例如，一個家庭用品店鋪當日銷售總額為 65000 元，如果客戶

退貨金額達到 9500 元的話，這個櫃檯的淨銷售額是多少呢？

　　當日淨銷售額＝65000 元－9500 元

　　　　　　　　＝55500 元

　　通常在零售業當中營業收益會與淨銷售額同時使用。淨銷售額又稱為銷售額，是評估一個商場或店鋪規模的重要標準。

　　我們可以說「去年 A 店達到了 100 萬元的銷售規模」，這樣看來銷售規模通常是換算成貨幣單位來使用的。

　　⑷單店銷售額比率(單店貢獻率)

　　銷售規模代表的是單店的業績，在評估單店對整體公司銷售額的比率時，則能分析出這個店鋪對於零售公司整體規模貢獻的大小。公式如下：

　　單店淨銷售額比率＝單店淨銷售額/零售公司整體淨銷售額×100%

　　例如，某服裝零售公司 A 店某月的淨銷售額為 9 萬元，在同一時期內零售公司整體淨銷售額達到了 50 萬元。請問，對比整體淨銷售額 A 店某月的淨銷售額比率是多少？

　　A 店某月淨銷售額比率＝9 萬元/50 萬元×100%

　　　　　　　　　　　　＝18%

　　在測評一個單店時，銷售額比率越高，代表這個店贏利能力越強。

2.商品成本

　　控制店鋪商品成本，對利潤率有很重要的影響。店鋪商品採購負責人在決定是否採購某種商品時，要決定有關成本、運送費用、協約條件等內容。為了準確地得出商品成本，有必要從總購買成本開始理解一下這個概念。

　　商品總購買成本是商品供應商發貨單上所明示的購買金額，此外還需要考慮其他各種調整變數的影響，從而得到更加準確的商品成本。即，最終商品成本等於標出成本加上運送費、變更及管理費用，然後再減去現金折扣金額後得出的金額。

　　(1)標出成本：供應商發貨單上所明示的購買金額。

　　(2)標出成本＋運送費：供應商在搬運商品時所需的運送費用，加上標出成本金額被叫做包含運送費的標出成本（標出引導價格）。

　　(3)變更及管理費用：這個數據也可以看做是附加費用，其原因在於這個費用只會發生在已售出的商品而不會發生在所有商品上。

　　(4)現金折扣：供應商在特定時間內，在標出金額基礎上提供的折扣優惠政策。

　　例如，供應商會對零售商提議：「如果可以在特定時間內全額返款的話，可以提供標出成本 2%的現金折扣。」一般折扣幅度都是以百分比，即比率來表示，這是以整體標出成本為基準換算為貨幣單位，之後從標出成本裏扣除即可。就是說如果標出成本 1000 元的現金折扣是 2%的話，可以看做是得到了 20 元的折扣。公式如下：

最終商品成本＝成本＋運送費＋變更及管理費用－現金折扣

　　例如，某體育用品商店，為了能夠滿足未來 6 個月的銷售，購進了標出成本達到 80 萬元的商品。這時發生的運費為 2 萬元，現金折扣為 7.5%，業務變更費用為 5000 元。

　　標出成本（800000）＋運送費（20000）＝標出引導價格（820000）

　　標出引導價格（820000）＋變更及管理費用（5000）＝總商品成本總額（825000）

總商品成本總額(825000)－現金折扣(7.5%×800000)＝最終商品成本(765000)

得出這部份商品的最終成本為 765000 元。

在淨銷售額不變的情況下，最終商品成本越低，利潤率就會越高。

3.營業費用

店鋪營業費用規模的大小將會決定店鋪是否會產生利潤，因此對營業費用管理和控制非常重要。為了方便分析，將營業費用(店鋪維持費、工資等)再一次分類為各種費用。營業費用的分類標準有很多種，只理解各種費用的概念本身沒有那麼困難，但要注意它們之間存在著形式差異。傳統上來看，店鋪裏所產生的營業費用可以大致分類為直接費用和間接費用兩大類，這對店鋪盈虧計算很重要。

直接費用可以分為銷售員和採購負責人的工資、購買負責人的差旅費用、廣告費、銷售道具費用、顧客快遞費、銷售場所租賃費用等內容。每項費用都換算成與整體淨銷售額的百分比來表示。舉例說，淨銷售額為 100000，廣告費為 3500 的話，廣告費用的比率為 3500÷100000×100%＝3.5%。

間接費用是為了維持店鋪運營而付出的費用。間接費用可以分為店鋪維持費用、保險、維持安全費用、機器的折舊費用、管理層工資等內容。間接費用是以銷售額為基準，按一定的比率分配。如果某單店對零售公司的整體銷售貢獻了 1.5%，那麼這個零售店分配到的間接費用為零售公司整體間接費用的 1.5%。

例如，某兒童玩具店的淨銷售額為 30 萬元，間接費用是淨銷

售額的 10%左右。直接費用為：員工工資，24000 元；廣告費用，6000 元；採購負責人工資，12000 元；其他直接費用，18000 元。則這個櫃檯的總營業費用是多少？請計算出其金額以及比率。公式如下：

營業費用＝直接費用＋間接費用

間接費用為：300000×10%＝30000

直接費用為：銷售員工工資(24000)＋廣告費用(6000)＋採購負責人工資(12000)＋其他(18000)＝60000

總營業費用＝間接費用(30000)＋直接費用(60000)＝90000

營業費用比率為：

營業費用/淨銷售額×100%＝90000/300000×100%＝30%

營業費用率越低，贏利能力越強。

四、總毛利潤與淨利潤

盈虧報表的五個主要組成因素是淨銷售額；商品成本；總毛利；營業費用；利潤或虧損(盈虧)。

盈虧報表是用斷面的形式反映單店或整體公司實績的一種結果。

淨銷售額－商品成本＝總毛利

總毛利－營業費用＝淨利潤或虧損

淨銷售額和商品成本之差叫做毛利。從一定時期內的淨銷售額當中扣除最終商品銷售成本就可以得到毛利。總毛利偶爾也可以成為預測最終結果的一個指標，因此也可以稱它為總利潤。公式如下：

總毛利＝淨銷售額－最終商品銷售成本

例如，某專櫃的淨銷售額是 30 萬元，商品成本是 18 萬元的話，總毛利金額是多少呢？

淨銷售額（30 萬元）－最終商品銷售成本（18 萬元）＝總毛利（122 萬元）

總毛利和營業費用之差就是淨利潤，從總毛利扣除營業費用就可以求得。為了比較零售業者之間的利潤，有必要掌握他們是用什麼方式進行費用計算的。這是因為每位零售業者進行費用計算的方法可能會有所不同。為了解答有關利潤計算和計算原則的實際問題，我們把重點放在了認識利潤的基本組成因素是由什麼樣的附屬組成因素來調整以及變動的問題上。

舉例來說，「現金折扣」這一個附屬組成因素可以決定並調整「商品成本」這一個基本因素。公式如下：

淨利潤＝總毛利－營業費用

例如某櫃檯的總毛利是 120000，營業費用是 105000。計算該櫃檯的淨利潤或虧損。

總毛利（120000）－營業費用（105000）＝淨利潤（15000）

再如，如果某店鋪的總毛利是 120000，營業費用是 135000 的話，計算該店鋪的淨利潤或虧損。

總毛利（120000）－營業費用（135000）＝淨虧損（15000）

計算得出這家店鋪是虧損的，虧損額為 15000 元。

五、簡約式盈虧報表

簡約式盈虧報表能夠讓經營者迅速地掌握單位時間內店鋪盈虧狀況，它是一種比較單純的盈虧報表，包括五個主要組成因素，可以用金額也可以用百分比來表示（見表 4-5）。

表 4-5　簡約式盈虧報表

項目	金額/元	百分比
淨銷售額	300000	100%
最終商品成本	180000	60%
總毛利	120000	40%
營業費用	105000	35%
淨利潤	15000	5%

盈虧報表的價值在於，透過它可以與公司的過去實績或產業的整體實績進行比較，因此除了用金額的方式記錄之外，用比率來表示的方式也是非常重要的。

例如，如果某盈虧報表上記錄的淨利潤為 2869，但是如果沒有記錄其他組成因素的金額，這個淨利潤也會失去其意義。只有知道該店鋪的淨銷售額時，才能把利潤額與產業整體實績進行比較，得出利潤率是高還是低。

店鋪中與淨銷售額、最終商品成本、營業費用有關的一些比率如下，透過這些比率可以推斷出利潤是在上漲還是在下降。公式如下：

最終商品成本率＝最終商品成本/淨銷售額×100%

總毛利率＝總毛利/淨銷售額×100%

營業費用率＝（直接＋間接營業費用）/淨銷售額×100%

淨利率＝淨利潤/淨銷售額×100%

總毛利率越高，表示淨利率越高；總毛利率越低，表示淨利率越低。

例如某公司 A 店的淨銷售額為 160000，最終商品成本是 88000，營業費用則為 64000。B 店同一時期的淨銷售額為 260000，最終商品成本是 135000，營業費用則為 109200。問：那家的淨利潤更高？計算如下表。

透過計算可以得出：A 點的利潤額為 8000 元，利潤率為 5%。

表 4-6　A 店盈虧報表

項目	金額/元	百分比
淨銷售額	160000	100%
最終商品成本	88000	55%
總毛利	72000	45%
營業費用	64000	40%
淨利潤	8000	5%

表 4-7　B 店盈虧報表

項目	金額/元	百分比
淨銷售額	260000	100%
最終商品成本	135000	52%
總毛利	124800	48%
營業費用	109200	42%
淨利潤	15600	6%

透過計算可以得出：B 店的利潤額為 15600 元，利潤率為 6%。

透過以上 A 店和 B 店的淨利潤數值可以看出 B 店的利潤率更高。

在對淨利潤進行比較時，比較比率數據，則可以得到更準確的結果。透過簡約式盈虧報表可以得知，如果按 1 元的銷售來計算，A 店將 55%投入為最終商品成本，B 店則為 52%。而且也可以得知，如果有 1 元的銷售產出，A 店將它的 40%投入到了營業費用，B 店則為 42%。

因此，如果總毛利、淨利潤以及個別運營內容等都以淨銷售額為基準，用比率的形式記錄在盈虧報表上，就可以讓經營者比較容易地進行比較。換句話來說，如果知道各組成因素所佔的比率以及淨銷售額金額，就可以計算出各組成因素的具體金額。

例如，某店的淨銷售額是 16 萬元，最終商品成本比率是 55%，總毛利比率是 45%，營業費用比率是 40%，淨利潤比率是 5%。計算一下各組成因素的具體金額。

淨銷售額　　　　　　160000

最終商品成本	88000（160000×55%）
總毛利	72000（160000×45%）
營業費用	64000（160000×40%）
淨利潤	8000（160000×5%）

　　透過計算可以得出：總毛利為 72000 元，營業費用為 64000 元，淨利潤為 8000 元。

六、最終盈虧報表

　　簡約式盈虧報表只對最基本的組成因素（淨銷售額、最終商品成本、營業費用）做出記錄，因此它雖然可以幫助人們迅速地計算出盈虧，如果想透過簡約式盈虧報表推測比較詳細的內容，根據內容進行某些因素的調整的話，簡約式盈虧報表顯得有些不足。那麼最終盈虧報表可以滿足這些要求。

　　最終盈虧報表除了包含淨銷售額、最終商品成本、營業費用三個因素外，還包含有關庫存情況的附加情報。這裏要明確的是，利潤只會產生在已售出的商品上，因此零售業者必須有能力明確地換算出已售出的商品價值和庫存剩餘商品的價值。

　　這時，一般零售業者會利用零售庫存整理的會計方法，這個方法是利用會計期間末期的最終庫存來決定庫存成本的。開始庫存是會計期間開始時的庫存，它透過數量乘以現零售價標準來計算出價值。最終庫存是會計期間結束時的庫存。開始庫存的成本加上新購進商品的成本，再加上新商品的運送費用就可以得出總採購商品成本。總採購商品成本是把將要出售的商品用金額來換算的價值。要

想決定銷售交易已成功的商品的銷售成本，就必須知道總採購商品成本。這是因為從總採購商品成本中減去最終庫存成本就可以計算出已出售商品的成本。

開始庫存成本	100000
新購進商品標出成本	500000
運送費	1000
總採購商品成本	601000
最終庫存成本	159000
銷售成本總額	442000

計算得出數據之後，按順序進行細部調整，例如現金折扣等的調整，再之後就可以決定出最終商品的淨成本了。最終盈虧報表見下表 4-8。

與簡約式盈虧報表相比，就會發現表 4-8 有更多詳細的項目。同時它還明確表示了關於銷售額、最終商品成本、費用的附屬組成因素等內容的說明，因此很容易掌握詳細的交易內容。為了分析運營實績，各組成因素必須按照標準模式來表示出來。最終盈虧報表能夠讓人們計算出實際售出商品的最終商品成本，因此它可以說是能夠比較各櫃檯、各商場業績的一個非常有用的手段。看下面一些數據，並整理成最終盈虧報表。

表 4-8　最終盈虧報表

利潤組成因素		單位/元	單位/元	百分比
大類因素	細分因素			
銷售所得 （淨銷售額）	總銷售額	450000	425000	100%
	客戶退貨以及津貼	-25000		
最終商品 銷售成本	開始庫存	52000	235000	55.3%
	新購買淨成本	258000		
	運送費	2000		
	最終庫存成本	-65000		
	現金折扣	-13000		
	變更及管理費用	1000		
總毛利			190000	44.7%
營業費用	總直接費用	101250	168750	39.7%
	總間接費用	67500		
淨利潤			21250	5.0%

(1)銷售所得

①總銷售額(450000)：初期銷售量的零售價標準。

②客戶退貨以及津貼(25000)：銷售已成功但隨後又被取消的情況(信用償還、現金償還或部份償還)。

③淨銷售額(425000)：從總銷售額當中扣除客戶退貨以及津貼之後的剩餘金額。把「銷售已結束的商品」用金錢價值來表示。

(2)最終商品銷售成本

①開始庫存零售價(100000)：季節初期的商品價值(以零售價為標準來表示)。

②開始庫存成本(52000)：從總採購商品的零售價中扣除價格上調部份之後的剩餘價值。

③新購買淨成本(258000)：已採購商品的標出成本。從總採購金額當中扣除退還給供應商或者提供折扣優惠的金額之後的剩餘金額。

④運送費(2000)：為了將商品運送至約定地點而繳付的費用。

⑤最終商品成本，這裏是指標出引導金額(260000)：包括運送費的商品採購成本。

⑥總採購商品成本(312000)：開始庫存成本加上新採購商品的費用以及運送費的金額。

⑦最終庫存成本(65000)：到季節的最後一天仍沒有售出的庫存成本。

⑧銷售成本總額(247000)：從總採購商品成本中扣除最終庫存成本之後的剩餘金額。

⑨現金折扣(13000)：在供應商制定的期限內完成繳付時，供應商所提供的折扣優惠。

⑩最終商品淨成本(234000)：從銷售成本總額當中扣除現金折扣部份之後的剩餘金額。

⑪變更以及管理費用(1000)：為了再銷售而附加於商品的費用。被看做是包括在最終商品成本的部份。

⑫最終商品銷售成本(235000)：從銷售成本總額中扣除現金

折扣，再加上變更以及管理費用之後的金額。

(3)總毛利(190000)

從淨銷售額當中扣除最終商品銷售成本之後的剩餘金額。

(4)營業費用

①直接費用(101250)：只有在運營櫃檯時才會產生，不運營時不會產生的一項費用。

②間接費用(67500)：不運營櫃檯時也會產生的一項費用。

(5)淨利潤(21250)

銷售額、最終商品成本、費用等的相互作用所決定的金額，總毛利大於營業費用時會產生淨利潤。

瞭解利用盈虧報表及最終盈虧報表，就可以知道特定期間內各單位履行的銷售活動對利潤到底產生了多大的影響。資產的盈虧計算強調了利潤各組成因素之間的相互關聯性。加、減組成利潤因素的準確數據，就可以得到準確的利潤，但是如果採購者適當地調整並創造利潤，就可以確認店鋪的優勢和弱勢，同時也可以比較分析各個對策的可行性。因此，採購者必須嚴密地檢查各因素的數據，找出其影響變數，從而能夠得到期望的利潤結果。

七、盈虧平衡點計算

店鋪經營者必須對營業收益、商品成本、營業費用等利潤產生的組成因素進行準確記錄，收益和費用會以盈虧報表的形式定期檢查核算，透過盈虧報表可以看出收益與費用的差異。

所謂盈虧平衡點就是店鋪經營成本與經營收益的平衡點，又稱零利潤點、保本點、盈虧臨界點、盈虧分歧點、收益轉捩點，是指企業的銷售額正好與企業的總成本（營業費用＋商品總成本）相等，沒有贏利，也就是說，企業處於既不贏利又不虧損的狀態。以盈虧平衡點為界限，當銷售收入高於盈虧平衡點時店鋪贏利，反之，店鋪就虧損。

零售企業的財務部門應定期地分析盈虧報表，從而能夠得知店鋪經營現狀是黑字還是赤字（定期可以是年、季或月），所以，透過盈虧報表可以計算店鋪在一定時期內經營的各項活動是否給店鋪帶來利潤。盈虧報表和記錄資產、債務以及資本的資產負債表是不一樣的。

就經營的目的而言，經營者最重要的職責之一就是要在規定的時間內讓店鋪得到利潤，因此根據數據調整運營策略至關重要。

所謂盈虧平衡點就是店鋪經營成本與經營收益的平衡點，又稱收益轉捩點。在這個點上銷售額正好與企業的總成本（營業費用＋商品總成本）相等。例如某家女服裝店的月盈虧平衡點是 15 萬，那麼，生意額超過 15 萬，就開始賺錢，低於 15 萬就開始虧錢，正好做到 15 萬的話，則是既不虧也不賺。

在開展年度的營業活動前，計算出年度、月的盈虧平衡點很重要，這有利於年度銷售目標的制定及年度利潤率的把握。公式如下：

盈虧平衡點＝固定費用/(1－變動費率)

固定費用包括：商場租金、管理費、裝修費分攤、其他費用等每月固定不變的費用項目。

變動費用包括：商品成本、商場扣點、員工工資(銷售提成)等隨銷售額變化的相關費用。

例如，某家女服裝店每個月的固定費用是 8000 元，變動費用包括商品成本佔銷售額的 30%，商場扣點 26%，員工工資佔銷售額的 8%，那麼，這家女服裝店的盈虧平衡點是：

盈虧平衡點＝固定費用/(1－變動費率)

＝8000/[1-(30%＋26%＋8%)]

≈22222 元

表 4-9　商品的盈虧情況

銷售額	固定費用	商品成本	商場扣點	員工費用	盈虧情況
22222	-8000	-6667	-5778	-1778	0

需要說明的一點是，以上的計算中，商品是標價銷售。如果商品是打折銷售，需要將折扣併入到商品成本中計算。看下表 4-10 中的數據，在其他費用都不變時，不同的商品折扣下盈虧平衡點的變化。

表 4-10　在商品折扣情況下盈虧平衡點的變化

銷售額	商品折扣	商品成本	固定費用	商場扣點	員工費用	盈虧情況
22222	正價	−6666	−8000	−5778	−1778	0
23333	9 折	−7777	−8000	−5778	−1778	0
24889	8 折	−9333	−8000	−5778	−1778	0
27222	7 折	−11666	−8000	−5778	−1778	0
31111	6 折	−15555	−8000	−5778	−1778	0
38889	5 折	−23333	−8000	−5778	−1778	0
62222	4 折	−46666	−8000	−5778	−1778	0
100000	3 折	−100000	−8000	−5778	−1778	−15556

註：當商品存在折扣銷售時，商品成本＝銷售額÷折扣×商品成本。

　　表 4-10 中的數據告訴我們，當你的商品銷售時，每個月做 22222 元即可保本。但當你的商品在 4 折銷售時，你則需要做到 62222 元的銷售才可以盈虧平衡；如果商品在 3 折或 3 折以下銷售，則是賣得越多，虧得越大。

心得欄 ----------------------------------

第 **5** 章

商店的經營數據公式

　　零售店鋪經營指標分為收益率指標、人員流動率指標、生產率分析指標、業績達成率及成長率指標。這些指標當中有些是常用的，根據零售企業規模的大小和使用頻率而不同。

一、業績成長達成率及成長率分析指標

　　營收達成率＝實際營業收入÷目標營業收入

比率越高，表示經營績效越高；比率越低，表示經營績效越低。

　　毛利達成率＝實際營業毛利÷目標營業毛利

比率越高，表示經營績效越高；比率越低，表示經營績效越低。

　　營業淨利達成率＝實際營業淨利÷目標營業淨利

比率越高，表示經營績效越高；比率越低，表示經營績效越低。

　　費用達成率＝店鋪面積數÷目標費用

比率越高，表示實際費用越高；比率越低，表示實際費用越低。

營業成長率＝本期營業收入÷上期（去年同期）營業收入×100%

比率越高，表示成長性越高；比率越低，表示成長性越低。

毛利成長率＝本期營業毛利÷上期（去年同期）營業毛利×100%

比率越高，表示毛利成長性越高；比率越低，表示毛利成長性越低。

淨利成長率＝本期營業淨利÷上期（去年同期）營業淨利×100%

比率越高，表示淨利成長性越高；比率越低，表示淨利成長性越低。

二、坪效分析指標

1. 店鋪坪效

坪效概念，是作為年度營業目標確認的方法出現的。坪效就是指終端店鋪 1 平方米的效率，是評估店鋪實力的一個重要標準。

坪效常出現在月報表中。對它的分析有以下的作用：

①配合制定的年度目標，檢測目標的達成狀況；

②分析店鋪面積的生產力，並制定調整性策略；

③存貨量與銷量對比；

④瞭解店鋪銷售的真實情況。

坪效是指平均每平方米的銷售金額，一般指年度坪效，也可同時採用月坪效。當然，平方米效率越高，店鋪的效率也就越高，同等面積條件下實現的銷售業績也就越高。公式如下：

每平方米經營效率＝一段時間內銷售累計額÷營業面積

某店鋪 3 月營業額為 125 萬元，該店營業面積為 10 平方米，

那麼本店鋪每平方米經營效率為多少？

　　每平方米經營效率＝一段時間內銷售累計額÷營業面積

　　　　　　　　　　＝125 萬元÷10

　　　　　　　　　　＝12.5 萬元

　　店鋪月坪效＝店鋪月銷售÷店鋪營業面積÷天數

　　透過平方米效率計算公式，會清楚地看到：有的店鋪空間雖然比較小，但是效率卻高；而有的店鋪面積大效率反而低。這是判斷某一店鋪在某商場或某地段好與壞的重要參考數據。

　　坪效還可以在確定銷售目標之後，檢查這一店鋪是否可以實現制定的目標，方便指導銷售目標或者是店鋪商品展示空間的調整。

　　首先，應該計算一下目前為止店鋪的平方米效率。再根據預算營業目標結合店鋪實際面積計算一下，為了達成這個目標平均 1 平方米應該承擔多大銷售金額。如果營業目標在店鋪面積沒有發生改變的情況下為上一年度的 1.3 倍，那麼為了完成這一新的目標，平均 1 平方米展示的商品就需要透過改變陳列方式增加為原來的 1.3 倍，或者是透過行銷方法的改變使商品回轉率增加到原來的 1.3 倍。這樣分析，就可以預先判斷實現目標的可能性。

　　站在公司整體的角度、不同區域的角度、商品種類的角度等分別計算坪效，以便掌握不同的店鋪效率，指導我們的正確數據分析從而制定正確的調整政策。

　　2.每人經營效率

　　一般常用簡易的員工績效評估指標是每人經營效率。公式如下：

　　每人經營效率＝一段時間內銷售累計額÷營業員人數

例如，某月營業額為 125 萬元，該店營業員人數為 6 人，則每人營業額為多少？

每人經營效率＝一段時間內銷售累計額÷營業員人數

$$＝125 萬÷6$$

$$＝20.8 萬元$$

此數值可以瞭解每人經營效率，是否有不正常的變動、人員編制與業績間的互動關係。

每人經營效率及每平方米經營效率可拿過去年度的經營成果作為比較的標準，或者以同行業的經營成果作為比較的依據，制定合理目標以調整方向。

3.客流量、客單價

判斷店鋪經營的好壞不能僅僅是從銷售數據上來進行判斷，在銷售額這個關鍵指標中我們提到，提升銷售額的因素很多，其中有兩個非常重要的數據，即客單價（平均交易金額）和客流量（交易筆數）。有效顧客（即實現消費的顧客）數高說明店鋪的商品、價格和服務能吸引、滿足消費者的需求；客單價高說明店鋪的商品寬度能滿足消費者的一站式購物心理、商品陳列的相關性和連貫性能不斷地激發消費者的購買慾望。

多數的零售版軟體都具有店鋪客單價和客流量的分析功能，管理者應該把分析客單價及客流量作為每天工作的一個重要內容。

4.同比

同比就是今年第 n 月業績與去年第 n 月業績相比。

同比發展速度主要是為了消除季節變動的影響，用以說明本期發展水準與去年同期發展水準對比而達到的相對發展速度，如今年

2 月比去年 2 月，今年 6 月比去年 6 月等。在實際工作中，經常使用這個指標，如某年、某季、某月與上年同期對比計算的發展速度，就是同比發展速度。

同比＝本年第 n 月數據÷去年第 n 月數據×100%

同比增長率＝（本期數－同期數）÷同期數×100%

例如，某公司 2007 年 10 月份營業額為 15 萬，2006 年 10 月份營業額為 10 萬，該公司的同比及同期增長率為多少？

同比＝本年第 n 月數據÷去年第 n 月數據×100%

　　＝15÷10×100%＝150%

同比增長率＝（本期數－同期數）÷同期數×100%

　　　　＝（15－10）÷10×100%＝50%

5.環比

環比就是現在的統計週期和上一個統計週期比較。例如 2008 年 7 月份與 2008 年 6 月份相比較，稱其為環比。

環比發展速度則是報告期水準與前一時期水準之比，表明現象逐期的發展速度。如計算一年內各月與前一個月對比，即 2 月比 1 月，3 月比 2 月，4 月比 3 月……12 月比 11 月，說明逐月的發展程度。如分析抗擊「非典」期間店鋪營業額的增長趨勢，環比比同比更說明問題。就年報而言，環比分析就是將下半年業績數據與上半年業績數據做比較。其中，下半年業績數據可以用全年數減去中期數獲得，將得數除以中期數，再乘以 100%，便得出報告期環比增減變動比率或幅度。

透過環比分析可消除年報缺陷給投資者造成的誤導。大家知道，年報的同比分析就是用報告期數據與上期或以往幾個年報數據

進行對比。它可以告訴投資者在過去一年或幾年中，零售公司的業績是增長還是滑坡。但是，年報的同比分析不能揭示零售公司最近6 個月的業績增長變動情況，而環比這一點對投資決策則會更有指導意義。

環比＝本週期數據÷上週期數據×100%－1

例如某公司 2009 年全年主營業務收入為 395364 萬元，2009年中期主營業務收入僅為 266768 萬元，二者相減得出下半年主營業務收入為 128596 萬元，再用 128596 萬元除以 266768 萬元，乘以 100%，便得出該公司報告期主營業務收入環比大幅滑坡 51.80%的分析結果。

透過環比分析可消除年報缺陷給投資者造成的誤導。我們再看表 5-1 中的一組數據。

表 5-1　某店鋪 8 月 26 日～9 月 8 日兩週比較報表

項目	上週	本週	環比
銷售件數	93	47	-49.40%
銷售金額	18471	11963	-35%
購買客人數	57	31	-45.60%
平均附加銷售率	1.62	1.5	-7.40%
平均件單價	205	269	31.20%
平均客單價	324	395	22%
總進貨數量	631	292	
期末庫存	1319	1560	

從表 5-1 中各項指標的環比很清晰地看出,該店鋪本週在平均銷售件數和均客單價兩項指標上環比分別上升了 31.20%與 22%,而在這樣的情況下,銷售金額卻比上週銷售下滑了 35%,因此要透過數據分析找到銷售下降的緣由。

透過數據分析不難得出本週有可能上了新貨品,並且新貨的銷售狀況並不理想,因為銷售件數環比下降了 49.40%。

如何提高店鋪的銷售額呢,補救的措施為:

①強化員工新產品推廣意識,以級別為導向、考核表為工具、激勵為機制的形式,推廣新品;

②店長專業技術提升,包括例會、各個級別的員工的管理與調配、貨品有效使用、教練技術;

③ VIP 顧客層級管理(新品時期和折扣時期);

④促銷方案、配合的禮品提前驗收。

同比發展速度,一般是指本期發展水準與上年同期發展水準對比,而達到的相對發展速度。環比發展速度,一般是指報告期水準與前一時期水準之比,表明現象逐期的發展速度。

同比和上文的環比,這兩者所反映的雖然都是變化速度,但由於採用基期的不同,其反映的內涵是完全不同的。一般來說,環比可以與環比相比較,而不能拿同比與環比相比較;而對於同一個地方,考慮時間縱向上發展趨勢的反映,則往往要把同比與環比放在一起進行對照。

三、人員流動率分析指標

人員流動率＝期間內離職人數÷平均在職人數

比率越高，表示人事越不穩定；比率越低，表示人事越穩定。

四、收益率分析指標

⑴資本週轉率 ＝ 總收入÷資本

比率越高，表示資本經營效率越高；比率越低，表示資本經營效率越低。

⑵存貨週轉率 ＝ 淨銷售額÷[(期初存貨 + 期末存貨)÷2]

比率越高，表示經營效率越高或存貨管理越好；比率越低，表示經營效率越低或存貨管理越差。

⑶存貨週轉期間 ＝ 平均存貨÷(淨銷售額/360)

期間越長，表示經營效率越低或存貨管理越差；期間越短，表示經營效率越高或存貨管理越好。

⑷銷貨毛利率 ＝ 毛利÷淨銷售額

比率越高，表示獲利的空間越大；比率越低，表示獲利空間越小。

⑸配送中心退貨率分析 ＝ 自配送中心退貨金額÷自配送中心進貨金額

比率越高，表示存貨管理控制越差；比率越低，表示存貨管理控制越好。

(6)應付賬款週轉期間 ＝ (應付賬款 ＋ 應付票據)÷(進貨淨額/360)

期間越長，表示免費使用廠商信用的時間越長；期間越短，表示免費使用廠商信用的時間越短。

(7)人事費用率 ＝ 人事費用÷淨銷售額

比率越高，表示員工創造的營業額越低或人事費用越高；比率越低，表示員工創造的營業額越高或人事費用越低。

(8)廣告費用率 ＝ 廣告費÷淨銷售額

比率越高，表示廣告所創造的營業額越低；比率越低，表示廣告所創造的營業額越高。

(9)租金費用率 ＝ 租金÷淨銷售額

比率越高，表示地點選擇不佳；比率越低，表示地點選擇越佳。

(10)營業費用率 ＝ 營業費用÷營業收入

比率越高，表示營業費用支出的效率越低；比率越低，表示營業費用支出的效率越高。

(11)盈虧平衡點 ＝ 店鋪總費用÷毛利率

盈虧平衡點越低，表示獲利時間越快；盈虧平衡點越高，表示獲利時間越慢。

(12)盈虧平衡點與銷貨額比 ＝ 盈虧平衡點÷淨銷售額

比率若小於 1，表示有盈餘，比率越小，盈餘越多；比率若大於 1，表示有虧損，比率越大，虧損越多。

(13)經營安全力 ＝ 1－(盈虧平衡點÷營業額)

點數越高，表示獲利越多；點數越低，表示獲利越少。

⑭總費用率＝總費用÷總收入

比率越高，表示費用越高；比率越低，表示費用越低。

⑮投資報酬率＝淨利÷總投資額(資本)

比率越高，表示資本產生的淨利越高；比率越低，表示資本產生的淨利越低。

⑯大分類構成比＝大分類銷售淨額÷總銷售淨額

用於分析各大分類產品佔總銷售淨額的銷售比例，比率越高說明此大分類構成產品的市場效益越好。

⑰品效分析＝營業收入÷品項數目

品效越高，表示商品開發及淘汰管理越好；品效越低，表示商品開發及淘汰管理越差。

⑱面積效率分析＝營業收入÷品項數目

面積效率越高，表示店鋪(全場)面積所創造的營業額越高；面積效率越低，表示店鋪(全場)面積所創造的營業額越低。

⑲人時生產率＝營業收入÷人員總工作時數

人時生產率越高，表示人員工作效率越好；人時生產率越低，表示人員工作效率越差。

⑳來客數＝收據(發票)數目(通行人數×入店率×交易率)

來客數越高，表示客源越廣；來客數越低，表示客源越窄。

（21）客單價分析＝營業額÷來客數

客單價越高，表示一次平均消費額越高；客單價越低，表示一次平均消費額越低。

（22）交叉比率＝毛利率×存貨週轉率

交叉比率越高，表示越是利潤所在；交叉比率越低，表示越不

是利潤所在。

五、生產率分析指標

⑴平均每人營業收入 = 營業額÷店鋪員工人數

比率越高，表示員工績效越高；比率越低，表示員工績效越低。

⑵員工生產力 = 營業毛利÷店鋪員工人數

比例越高，表示員工生產力越高；比例越低，表示員工生產力越低。

⑶店鋪使用率 = 店鋪面積÷全場面積

比率越高，表示使用率越高；比率越低，表示使用率越低。

⑷人員守備率 = 店鋪面積÷平均工作人數

比率越高，表示每人負責面積數越大；比率越低，表示每人負責面積數越小。

⑸勞動分配率 = 人事費用÷營業毛利

比率越高，表示員工創造的毛利越低；比率越低，表示員工創造的毛利越高。

六、店鋪指標數字

店鋪經營數據是店鋪的真實反映，每個數據都是終端店鋪運營的晴雨錶。把握了數據就可以時時瞭解店鋪的進展情況，發現店鋪存在的問題。透過報表分析，可以增強對終端的有效控制。

掌握終端店鋪最直接最有效的數據，成為企業終端的行銷利

器。表 5-2 所示的是店鋪內的常見數據。

表 5-2　店鋪常見管理數據

銷售金額	店鋪的實際營業額
銷售數量	銷售數量的高低，能體現出客流量的多少
交易數量	交易數量低，可以分析出可能影響交易數量的因素是客流量低、員工銷售技巧不到位、產品知識瞭解不到位、不瞭解客人需求而抓不住客人
平均件單價	平均件單價＝總銷售金額/總銷售件數，平均件單價反映出銷售的貨值情況，影響因素包括價格帶、銷售技巧、員工是否會推高貨值、公司對推高貨值是否有激勵等
銷售金額	店鋪的實際營業額
平均客單價	平均客單價＝總銷售金額/購買人數
平均附加銷售率(聯單)	平均附加銷售率＝總銷售件數/總購買人數
同期比	同期比＝(本週數據－上週數據)/上週數據，反映出本週銷售量比上週增長或者下降的趨勢
環比增長率	環比增長率＝(本週金額－上週金額)/上週金額

　　例如在同一商圈的兩家店 A 和 B，如果顧客消費層次、營業面積都一樣，客單價卻差很多，那麼是那些原因導致的呢？

　　又例如兩家店營業額一樣，A 聯單高，B 銷售件數多。為何如此呢？

　　具體的原因需要根據不同的店鋪情況來判斷，但是可能產生差

異的主要因素是兩家店的銷售技巧差異、貨品陳列的差異和附加銷售能力的差異。

　　A 店鋪 1 年以上老員工較多，對產品熟悉，銷售技巧比 B 店鋪高，但是缺乏激情，同時也能夠反映出店長在店鋪的調配不到位，店長需要提升的是對聯單高的員工定高目標，同時要著力培養新員工以留住散客。

　　B 店反映出的信息是新員工較多，附加推銷能力弱，對產品缺乏瞭解，對客人的把握不到位。

心得欄 _____

_____

_____

_____

_____

_____

第 6 章

暢銷品與滯銷品的分析改善

　　正在銷售的商品，隨時都需要對其進行信息監控，運用下列方法，找出暢銷和滯銷品，以便及時做出調整。

一、商品是否售完

1. 售罄率

　　售罄率是說明產品從到貨到售出的正價比例，反映了產品的銷售速度，決定了產品是否受歡迎，要充分關注新貨上市的售罄率，發現問題，及時採取措施。

　　　　售罄率＝指定期間正價銷售量÷到貨量

　　售罄率計算期間，通常為一週、一個月或一個季。如表所示。

表 6-1 商品售罄率(月)

	到貨量	銷售數量			
		第1月	第2月	第3月	整季
A	100	40	30	15	85
售罄率		40%	30%	15%	85%
B	100	30	30	10	70
售罄率		30%	30%	10%	70%

表 6-2 商品售罄率(週)

	到貨量	銷售數量				
		第1週	第2週	第3週	第4週	合計
A	100	8	15	13	9	45
售罄率		8%	15%	13%	9%	45%
B	100	5	8	8	5	26
售罄率		5%	8%	8%	5%	26%

2.售罄率與銷售利潤

售罄率與產品價位,反應的是產品的銷售速度,如表 6-3 所示。

表 6-3 售罄率與產品銷售速度

銷售狀況	優良	良好	差
nike鞋	75%	65%	40%
nike衣服	75%	65%	40%

售罄率＜40%，則庫存大量積壓，大量打折導致虧損。

售罄率＞75%，則說明進貨量太少，出現脫銷，銷售利潤不能最大化。

暢銷的產品是不需促銷的，只有滯銷的產品才需要促銷。滯銷產品可透過售罄率來確定。

以服裝產品為例，一般而言，服裝的銷售生命週期若為 3 個月，鞋子為 5 個月。如果在 3 個月內，不是因為季節、天氣等原因，衣服的售罄率低於 60%，則大致可判斷此產品的銷售是有問題的，也不必等到 3 個月後才可以確定。一般而言，3 個月內，第一個月尺碼、配色齊全，售罄率會為 40%～50%，第二個月約為 20%～25%，第三個月因為斷碼等原因，售罄率只會有 5%～10%。當第一個月的售罄率大大低於 40%，且無其他原因時，就有必要特別關注，加強陳列或進行推廣了。

3.店鋪庫存量

對每個店鋪的經營者來說，存貨管理是經常面對但一直缺乏規劃控制的一環。尤其是面對一些熱銷品種，各終端店鋪往往將自身的銷售利益作為優先考慮的對象。在越多貨就越能滿足顧客、越能做成生意的想法下，商品銷售週轉率的要求被放置一邊，當一波行情結束時，帳面上相當可觀的利潤在不知不覺中轉化成了存貨，甚至連倉庫都讓存貨給佔據了。

零售經營者經常會在季末清理庫存產品的時候發現，庫存產品中有很多產品是當時特別暢銷的產品。出現這種情況的主要原因是沒有一個好的、有效的、合理的系統分析方法。店鋪庫存數字控制可以從商品週轉期（商品從進貨到賣出時間）、商品訂購前置時間

（從訂貨到進貨時間），來規劃安全存量。對平均每日銷售量和訂購前置時間，經過粗略估算，便可估算出安全存量，再視缺貨情形和淡旺季做調整，這是店鋪的簡化計算過程。

例如，在 12 月中旬，某店鋪銷售和庫存報表記錄的數據是：某款厚棉服還有 315 件，其銷售速度是 3 件／天。那麼，根據該棉服的生命週期，在季末時，該店鋪的庫存是多少呢？

該地區冬季棉服結束銷售的時間段基本上在 1 月中旬，也就是說，該棉服的正常生命週期約為 25 天，按照目前的銷售速度，25 天×3 件＝75 件，在 25 天的後續時間內，銷售的實際速度會逐步減緩，必然會出現的庫存約 240 件。

如果不積壓庫存，銷售人員則要計算出，在正常生命週期內厚棉服的銷售速度必須是 12.6 件／天，並且前 10 天的銷售速度應在此基礎上還要提升 35%～40%。當然，銷售人員要開始採取積極的行銷措施對該款式進行促銷，以便減少庫存，減輕利潤的損失。

店鋪透過週轉率來控制存貨時，每月銷售金額除以庫存金額得到的週轉率會因商品的不同而有差異。一般來說，商品若毛利低、週轉快，則需要較高的週轉率，例如餐飲店就需要較高的週轉率；而珠寶店或高級服飾店，因為商品毛利高、週轉慢，所以週轉率的標準比較低。一般高週轉率的業種如便利店，週轉率約在 2.5～3.0 之間，低週轉率的業種的週轉率約為 0.5～1 之間。

有關商品的存量控制，只要遵守商品管理規則，再謹慎處理商品即可。倉庫也要和營業場所一樣，擺放有序，以方便管理。店鋪的管理者要意識到，商品賣不出去就是損失，應提早處理。滯銷品一直不處理，等到要處理時就算是打了對折仍然無人問津的情形不

少。因此，只要一發現銷路不好，應盡早以打折方式來處理掉，另外要探求降價的原因，把降價的理由記在專票上，以便日後參考。

在營業場所，銷售人員要預計某種商品某日會賣光，此時要事先選定別的商品替補，避免喪失商機。銷售人員不可先人為主認定商品賣不出去，而要盡力推銷它。經營者要強化與供應商的關係，必要時要極力爭取退貨或換貨，儘量減少庫存，同時要找出造成存貨增加的原因並加以預防及改善，並能適時地追加商品。

零售店鋪的庫存過多，將會導致資金週轉困難，同時因滯銷品無法及時淘汰與更換，產生營業面積的浪費，導致商品的新鮮感不足。所以，有效、及時地處理過多庫存品才能提高經營績效。

(1)降價求現

對於那些庫存過多的滯銷品而言，降價求現是最佳的處理方法。當然，降價會損及服裝店鋪的毛利(率)，但換個角度來看，如果滯銷品不降價求售，不但會囤積成本，還會佔據場地。對店鋪而言，良好的資金運用、資金流動以及資金高利用率才是店鋪立於不敗之地的先決條件。

(2)物有定量定位

將商品的陳列位置固定，如此一來，相關人員一眼就能看出那種商品該訂貨了，以免造成重覆訂購。另外，專賣店管理者必須針對店鋪銷售情況及供貨情形，擬出每項商品的最小訂購量和安全庫存量，以供訂貨參考。

(3)週全的採購計劃

做好週全的採購計劃，以免因對商品力和銷售力的認識錯誤而造成滯銷品的大量採購，形成死貨。良好的採購計劃應對商品的品

質、售價、成本、毛利、付款事項、進退貨事項、活動贊助等詳加
考量，並針對本店消費群的消費習性及促銷活動內容、店鋪的庫存
狀況，適時適量採購適當商品。

(4)掌握商品週轉率

所謂商品週轉率是指某固定期間庫存的商品可以週轉多少次
而收回資金。週轉率越高表示商品越好賣。不同行業有不同的商品
週轉率，我們對週轉率的標準尚缺乏具體的統計資料，零售業者往
往是根據自己的經驗及參考同業的相關資料來設定。準確掌握商品
週轉率，可以避免因庫存額過高而影響服裝店鋪的經營效率。

二、暢銷品、滯銷品分析

透過下表可以看出在所有商品中，那些是暢銷的商品，那些是
滯銷的商品，並能夠分析出產品暢銷與滯銷的原因、庫存狀況，以
及時調控商品。例如在暢銷商品中，以商品 A 和商品 B 為例，商品
A 處於良性銷售狀態，而商品 B 的銷售需要及時做調整，原因在於
商品的庫存已經出現斷貨現象。從表格中可看出商品 B 的總庫存僅
有 10 件，不足一天的銷售量，那麼在這種狀態下，應及時調整銷
售策略，尋找商品 B 的替代品，從宣傳上、推廣上、陳列位置上忽
略商品 B 的推廣。商品 A 則因為庫存量足夠支撐銷售，繼續作為重
點商品進行推廣。

表6-4　暢、滯銷貨品銷量分析表

商品排名	暢銷產品	銷售件數	銷售金額	總庫存量	店鋪庫存	需要調入件數	暢銷原因分析				
							款式	價格	品質	位置	功能
No.1	商品C	23	6044	200	20	30					
No.2	商品B	21	5696	10		10					
......											
No.10	商品A	6	2214								

商品排名	滯銷產品	銷售件數	銷售金額	總庫存量	店鋪庫存	需要調入件數	滯銷原因分析				
							款式	價格	品質	位置	功能
No.1	商品H	1	221	100	50	20					
No.2	商品I	1	215	189	60	30					
......											
No.10	商品K	0	0	289	100	80					
暢、滯銷貨品銷量及綜合回饋信息對比情況	例如：是新品還是有促銷活動，還是因為競爭對手的衝擊等原因的分析										

三、商品週轉率

所謂商品週轉率即是指商品從入庫到售出的時間和效率，衡量商品週轉水準的最主要指標是週轉率和週轉天數。

(1)週轉率

週轉率即一定金額的庫存商品在一定的時間內週轉的次數，只

是一個數字。它是反映店鋪的存貨週轉速度和銷貨能力的一項指標，也是衡量企業生產經營中存貨運營效率的一項綜合性指標。

商品週轉率依據店鋪的不同分析需求，一般採用年商品週轉率和月商品週轉率兩種。有些人曾經提到是否也可以採用「週商品週轉率」的問題，雖然沒有計算上的障礙，但實際上「週商品週轉率」的意義不大。公式如下：

週轉率＝銷售額÷平均庫存

平均庫存＝（期初庫存＋期末庫存）÷2

例如店鋪年營業額 600 萬，平均庫存金額 60 萬，計算此店鋪的年度商品週轉次數。

週轉率＝銷售額÷平均庫存＝600 萬÷60 萬＝10

即此店鋪的年度商品週轉率為 10。

⑵商品週轉天數

商品週轉天數即庫存商品週轉一次所需的天數。「庫存商品」不是單指倉庫裏的商品，只要沒有銷售出去的，那怕正在店鋪展示銷售中的商品均稱為「庫存商品」。公式如下：

週轉天數＝日均庫存量÷日均銷售

表 6-5　商品週轉天數、週轉次數報表

	商品A	商品B	商品C	商品D	商品E	商品F
月銷售量	192960	1011540	83044	58662	55176	48160
日均庫存	90048	910386	96888	23464	16552	4818
週轉率	2.14	1.11	0.86	2.5	3.33	9.99
週轉天數	14	27	35	12	9	3

A 商品月銷售 192960 元，那麼日均銷售額為：

192960÷30＝6432 元；

其中日均庫存為 90048 元。

週轉天數＝90048÷6432＝14 天

週轉次數＝192960÷90048＝2.14

商品 B、C、D、E、F 的週轉率與週轉天數計算以此類推。

⑶商品週轉率的不同表示法

由於使用週轉率的目的各不相同，可按照下列方法斟酌變更分子的銷售額和分母的平均庫存額：

①用售價來計算。這種方法便於採用售價盤存法的單位。

②用成本來計算。這種方法便於觀察銷售庫存額及銷售成本的比率。

③用銷售量來計算。這種方法用於訂立有關商品的變動。

④用銷售金額來計算。這種方法便於週轉資金的安排。

⑤用利益和成本來計算。這種方法以總銷售額為分子，手頭平均庫存額為分母，且用成本(原價)計算。使用此方法，商品週轉率較大，這是由於銷售額裏面多包含了應得利潤部份金額的緣故。

⑷商品週轉率的方法算式

①商品週轉率數量法：

$$商品週轉率＝商品出庫總和÷平均庫存數$$

②商品週轉率金額法：

商品週轉率＝全年純銷售額(銷售價)÷平均庫存額(購進價)

商品週轉率＝總進價÷平均庫存商品購進價

商品週轉率＝銷售總額÷銷售價的平均庫存額

③商品週轉週期(天):

商品週轉週期＝(平均庫存額÷純銷售額)×365

不同的商品有不同的回轉率,店鋪工作人員可以根據這 5 個公式來計算不同種類、不同尺寸、不同色彩(顏色)、不同廠商或批發商的商品週轉率,調查「銷路較好」和「銷路欠佳」的商品,以此來改善商品管理並增加利潤。

提高商品週轉水準是一個系統工程,其核心有兩個內容:一個是有效的商品評價體系,如進行 20/80 分析或 ABC 分析,進行商品的汰換,剔除滯銷品;採用商品貢獻率比較法(商品貢獻率＝週轉率×毛利率),衡量商品的重要程度;透過品類管理技術的應用來改善商品結構,加強庫存管理等。另一個是提高供應鏈的速度,包括建立完善信息管理系統,提高效率;努力實現快速回饋,加快銜接速度;加強物流配送能力,提高週轉效率。週轉加快直接關係到資金的使用效率的提高,同時庫存減少,費用降低。

(5)商品週轉率高與低的優劣性

那麼店鋪中商品週轉天數高和低那個好,最合理的週轉天數是多少呢?先來看看週轉的計算公式:

商品週轉率＝計算期銷售總額÷日均庫存

從商品庫存週轉率(次數)和週轉天數兩個效率指標中,可看出商品的「新鮮」程度。週轉率越高,說明產品越新鮮。下面看看商品週轉率高帶來的好處與危機。

①商品週轉率高(週轉天數短)的好處。商品週轉率高(週轉天數短)有諸多好處,如每件商品的固定費用減低;相對降低由損壞和失竊引起的虧損;能提供新鮮的商品,能適應流行商品的潮流;

能有彈性地進貨，應變自如；能以少額的投資得到豐富的回報；能降低存貨中不良貨品的幾率。

②週轉率過高（週轉天數太短）帶來的危機。雖然商品週轉率高有很多好處，但週轉率過高（週轉天數太短）也會給店鋪帶來危機，如容易出現斷貨，陳列不夠豐滿，不容易獲得大量進貨的折扣優勢，因訂貨次數的增加使訂貨費用相應增加，因進貨次數的增加使運送費用相應增加等。

在店鋪裏有一個很重要的問題必須引起重視，即除了那些死庫存商品的庫存不會變化以外，所有的商品庫存隨著商品的進貨和銷售在一定時間裏都會產生相應的變化。例如，某商品日平均銷售 6 箱，當前庫存 48 箱，則週轉天數為 48÷6＝8 天。但如果庫存增加到 200 箱，週轉天數為 200÷6≈33 天，能說該商品是滯銷商品嗎？如果庫存降至 24 箱，週轉天數又變成了 4 天，能說它就是暢銷商品嗎？

其實在上面的例子裏，商品的銷售沒有發生任何變化，但週轉天數卻有 3 種，原因很簡單，是庫存量不合理造成的錯誤判斷。

四、商品交叉比率

商品週轉率只是店鋪的數字管理方法之一，在實際工作，要將週轉率和毛利率兩項指標配合使用，就形成商品的交叉比率。如果單憑一個指標來判斷商品經營績效，就會有失偏頗，例如減價促銷就能提高商品週轉率，但卻相應地減少了該商品的毛利額，對專賣店的整體效益而言，並沒有實質性的提高。交叉比率基於商品對店

鋪整體貢獻的多少，是一種比較客觀的評估方法。

當利用交差比率來判定商品的成績時，交差比率高的商品就是「主力商品」，即暢銷商品；相應的，交差比率低的商品多是「新商品」或者關聯商品。所以把這個商品特性掌握住，對未來店鋪商品的齊備性是一個有效的指標。

公式如下：

$$交叉比率＝回轉率×毛利率$$

例如某商品的年銷售額為 25 萬元，年平均庫存額為 2 萬元，毛利率為 22%，則該商品交叉比率為多少？

交叉比率＝回轉率×毛利率＝（25 萬元÷2 萬元）×22%＝2.75

商品的交叉比率越高，表示該商品的效益越高，於是，可以將各類商品按交叉比率的高低分成三個等級，高等級為主力商品，中等級為輔助商品，低等級為滯銷及附屬商品。

運用交叉比率的數字管理技術，可以得知店鋪中那些商品具有較好的績效，那些商品應考慮汰換，以達到增進專賣店經營效率的目的（見表 6-6）。

表 6-6 　數字管理分析表

商品	銷售額	構成比	毛利	毛利率	商品回轉率	交叉比率	評價
A	800	11%	240	30%	4	120%	高
B	1500	21%	300	20%	5	100%	高
C	2400	34%	288	12%	8	96%	低
D	600	8%	150	25%	6	150%	高
E	1800	26%	324	18%	3	54%	低

由表中得知 E 商品構成比例高，交叉比率、回轉率兩項指標均列最差，毛利(率)雖不錯，但整體而言，應視為優先汰換的商品。

當然，在店鋪中更重要的是，應以 3 個月為週期，觀察其交叉比率等級的變動情況。若某項產品呈現為高中低的趨勢，則表示該商品的創利業績在逐期下降、惡化，須及時淘汰出局。

五、商品存銷比

商品存銷比，從字面上來解釋，就是庫存和銷售的比值，是指在一個週期內，商品庫存與週期內日均銷量的比值，存銷比的期間一般為週存銷比，或者月存銷比。其作用在於從縱向進行對比，判斷當前或者近期的存銷比是否合適，庫存配置和銷售節奏之間是否匹配；同時，從橫向進行對比，是否低於行業水準，是否有進一步提高的潛力。

一般來說，存銷比低，代表庫存佔用成本低、流轉快，但是，並不是越高越好，需要綜合採購週期、供貨提前期、採購成本、庫存佔用成本、服務水準(缺貨率)等因素來一起考慮。存銷比低，則往往代表採購頻繁，而導致採購成本上升，同時，由於銷售需求的波動性，可能導致缺貨率上升，服務水準下降。而且，即使不考慮成本問題，存銷比也受到採購週期、最短供貨週期以及最大供貨能力的限制。

越是暢銷的商品，需要設置的存銷比越小，這就能更好地加快商品的週轉效率；越是滯銷的商品，存銷比就越大。

公式如下：

商品存銷比＝月末庫存÷月總銷售

計算單位可以是數量，也可以是金額。以金額來計算比較合理，畢竟庫存在財務報表上是以金額的形式存在的。例如，某店鋪某月末的庫存金額為 90000 元，而這個月總計銷售額為 30000 元，則本月的存銷比為 $90000 \div 30000 = 3$。

存銷比的合理比值，以服裝零售店為例來講 3～5 之間為宜。為什麼是這個數字呢？來看下面的例子。

例如開了家服飾用品店，那麼在投資之前，要學會計算怎樣小店才能賺錢。

首先，要保證毛利率。比方說，100 元進的貨，300 元賣出去，毛利率就是 67%（就是銷售額減去成本後再除以銷售額）。理論上講，毛利率越高越賺錢。當然，保持較低的毛利率能賺錢。其次，要保證週轉率。例如投 10 萬元買貨，並每月保持 10 萬的商品採購金額，一年銷售了 40 萬。

週轉率＝年銷售金額÷平均月庫存金額＝40 萬÷10 萬＝4

這樣，週轉率就是 4 次。

10 萬×67%×4＝26.8 萬

一年賺了 26.8 萬元。

用來採購的流動資金、毛利率、週轉率是保證賺錢的三個指標，它們和財富成正比。目前，服裝鞋類店鋪，最理想的年週轉率是 4 次/年。換句話說，就是一年四季貨品都賣光。實際上，運作一流的服裝鞋類公司的週轉率可達到每年 3～4 次，其他大多數則是每年 0.8～1.2 次。有少數的企業則可達到每年 12 次，例如 Zara。

不過，週轉率以年為單位，不可能等到年底才知道賺了多少，所以存銷比就粉墨登場了。

表 6-7　存銷比數據

月份	月末庫存金額/萬元	月總銷金額/萬元	存銷比
1月	180	60	3
2月	165	55	3
3月	120	40	3
4月	180	60	3
5月	150	50	3
6月	120	40	3
7月	90	30	3
8月	90	30	3
9月	105	35	3
10月	150	50	3
11月	165	55	3
12月	180	60	3
合計	1695	565	

以金額為單位來計算存銷比，假如，每個月的存銷比都控制在 3 倍，那麼全年平均庫存金額為 1695÷12≈141 萬元，全年銷售金額為 565 萬元。再算一下週轉率：565÷141≈4 次。

存銷比就是週轉率的一個分解指標。就像你想攢夠 100 萬買套房子，如果想 3 年攢夠，就要算一個月要攢多少錢，然後堅持每月

都實現。這就是推理得出的,關於存銷比為什麼是 3～5 倍的原因。做補貨的店鋪重視存銷比,而做期貨的店鋪則看重售罄率。

六、透過「三零」商品加強庫存管理

(1)零庫存的控制

零庫存不僅指系統數據,實際庫存也為零。零庫存商品絕大部份是暢銷商品,採取越庫配送的方式運作。而大部份商品則應該保持一定的安全庫存。若出現零庫存,肯定庫存量控制出了問題。

(2)零銷售分析

零銷售的數量多少,表示庫存結構的合理與否,品種的適銷與否。零銷售商品往往是滯銷商品,採購部門應每月至少清理 1 次,並按此進行商品淘汰和退貨。

當然,還要嚴格區分零銷售與緩銷售的界線。有些商品雖然在某個月內沒有銷售,但或許在再長一點的時間段內還是有少量的銷售記錄的,不能簡單地將它清退,還必須給它保留一席之地。

(3)零進貨分析

零進貨通常是指 6 個月內沒有進貨記錄的,又未被封倉的,有庫存的在銷商品。零進貨商品也應該每月進行 1 次清理,以減輕庫存壓力,加速庫存週轉。但不能被簡單地當作零銷售商品進行清退處理,正確的做法是積極與供應商協調,進行部份退貨或調換新品、促銷推廣等,如果無法得到供應商的支援,就應該當機立斷進行削價清倉處理。

七、補貨的參考數據

補貨的參考數據是消化率和貢獻度。

表 6-8　補貨的數據類型

回轉週數	回轉週數＝期末庫存/本週銷售件數
消化率	類別消化率：類別消化率＝該類別銷售件數/類別進貨總數
	款式消化率：款式消化率＝該款銷售件數/該款總進貨數
貢獻度	類別貢獻度：類別貢獻度＝該類別的銷售金額/總銷售金額
	款式貢獻度：款式貢獻度＝該款的銷售金額/總銷售金額

表 6-9　商品庫存類別報表

商品類別	期初庫存	銷售數量	銷售金額	期末庫存	回轉週數	消化率	貢獻度
X1	16	1	338	15	15	6%	3%
X2	16	7	2068	9	1.3	44%	17%
X3	12	4	1744	8	2	33%	15%
X4	13	1	286	12	12	8%	2%

　　分析表內的數據，你會發現什麼？上表中需要我們重點關注的數據是回轉週數、消化率、貢獻度，透過分析，發現貨品 X2 和 X3 的庫存量分別僅夠維持 1.3 週和 2 週，店長要對這兩類貨品及時補貨。同時，從貢獻度數據中，發現貨品 X1 和 X4 對總的銷售額貢獻

偏低,同時消化率數據反映出這兩類貨品處於相對滯銷狀態。任何一項數據的分析都可以為我們提供店鋪經營的信息,透過店鋪的數據分析,要及時地引起注意,並採取措施來重點關注貨品 X1 和 X4,避免引起庫存積壓。

八、商品消化率

　　商品消化率可以作為判定商品暢銷、滯銷的標準數據之一,但如果只採用商品消化率這一個標準,判斷的結果可能不真實。在做數據化分析時需重點強調,不要用一個數據去下結論,而是需要用多個數據去判斷。

　　　　　　商品消化率＝銷售數量÷投入數量

　　影響消化率數值大小的有兩個變數因素,如果其中一個數值相對穩定,那麼另外一個數值的變化就起到關鍵作用。而某一產品的銷售數量在某一階段存在著與投放數量成比例增長的可能性,但是並不會一直成正比例增長。假如某一個店鋪投放的某一商品過剩,銷售數量與投入數量的比值一定會偏低,會影響我們的正確判斷。這個時候,就需要結合月商品回轉率做參考。

　　首先在投放商品到某店鋪的時候,考慮整個店鋪的供貨金額控制,在金額上控制過量供貨,在確定供貨金額後再確定商品種類構成比例,最後確定每類商品裏的各款式的合理投放數量(參照歷史數據,尤其是所轄區域整體和各店鋪的季節消費指數)。

　　如果是區域經理採用商品消化率做暢銷、滯銷分析,建議按以下步驟操作:

①各區域間的投放貨品數量比值；

②各區域相同時間段的整體消化率比值；

③所轄區域各店鋪的消化率比值，同時參考區域整體比值。

綜合以上的比值分析，排除局部投放數量的不合理性，就可以判斷出暢銷品、滯銷品趨勢。

心得欄

第7章

分析你的營業額構造

　　銷售額是指營業的總收入，在一定時間內透過銷售商品而發生的最初銷售額的總和，就是營業額。銷售額就是店鋪的血液，沒有了銷售額，那麼其他的毛利額、純利潤就通通都談不上了。

　　在店面經營當中與銷售額對接的指標是毛利額與純利潤，他們三者之間的先後順序為：「銷售額、毛利額、純利潤」，一切以銷售額為最重要的指標，先將銷售額帶動起來才能夠按部就班地往下繼續追求。

一、分析營業額實際成績

　　對於營業額目標，每一個人所持的態度都不同，有些人的態度是完成也好不完成也好，一點都不放在心上；而有些人則是努力去做，能達成最好，不能達成的話下個月再來過也沒有關係，別給自己太大的壓力；但也有一種人，他們擁有堅忍不拔的意志，只要抓

住目標就會堅持到最後，絕不放棄，從月初的第一天開始到月底的最後一天，每一天都兢兢業業，認真負責地完成與目標有關的事，將實現目標當成自己的使命。

很多經營者沒有辦法如期完成目標並不是因為目標無法完成，而是因為對目標過早地放棄。一個月差不多四個星期的工作日，當過了第一個星期之後，發現進度落後所以心中著急；過了第二個星期之後，發現進度依然沒有跟上，所以心中生氣，情緒不佳；到了第三個星期，發現進度早已經嚴重落後，所以心灰意冷；最後雖然還有一個星期的時間可以努力、可以扭轉劣勢，但是心中卻早已做好目標已經確實無法完成的打算，甚至已經在為下一個月做新的打算了。提早規劃好新的目標沒有錯，但是如果心裏都已經放棄這一個月的目標了，那麼這一個月的目標自然就從這一刻開始徹底地崩潰瓦解了。

對於目標如果抱著這樣的態度去面對，最後只會造成一個月又一個月的目標無法完成，結果對於自己所定下的目標喪失信心，並且開始懷疑目標的真實性、實用性和必要性，當懷疑產生時，自然腳步也就跟著停了下來。

其實這種狀況產生，大多數時候根本就不關目標的問題，因為這個目標是專賣店和代理商之間共同制定的結果，絕對不是隨隨便便喊出來的一個數字而已，因此正確的認知是：營業目標是追出來的，而不是等出來的。目標是在克服問題之後產生出來的，而不是等問題自動消失之後才繼續往前走的。

表 7-1　商品銷售額與構成比

店鋪類別	1998年銷售總額	構成比	1999年銷售總額	構成比
A店	60萬元	33.3%	68萬元	35.8%
B店	50萬元	27.8%	54萬元	28.4%
C店	70萬元	38.9%	68萬元	35.8%
總計	180萬元	100%	190萬元	100%

　　從表中，可能會一下得出結論，某公司的三個店鋪 1999 年比 1998 年多做了 10 萬元的業績，由此得出 1999 年銷售總額比 1998 年銷售總額增長。但是如果只看見這樣的結果是不正確的，這樣的結論並沒有真正發揮出這些數字的功能，因為在這些看似簡單的數字當中所代表的意義絕對不僅僅如此。例如說我們是否從兩個前後年度銷售總額上的差異、構成比上的改變當中得到了檢討之後的結果？甚至更積極地從中獲得下一個年度應該進步的方向，並且以此激勵、提醒自己一年要比一年進步，一年要比一年更加成熟穩健。

　　只顧著看表面的數字而不知檢討結果，會輕易地就被數字的表像所蒙蔽，終究看不清事實真相，就像一個店長不常去庫房走動，只是看數字上的報表，最後庫房管理一定是一片混亂，帳面和實際產生相當的誤差。

　　如果表 7-1 中 1999 年度銷售額的增加，事實上並不是因為商品的銷量增加所造成，而是因為物價指數增長或是商品單價的調高所造成的結果，那麼這樣的銷售額增長就無法完全代表專賣店銷售額真正的增長。如果完全不考慮這些，只注意到數字上的單純變化，那就會在數字中迷失方向。

目標完成有目標完成的原因，目標沒有完成也會有目標沒有完成的理由，即使只是小小的差距都值得店鋪經營者去研究，都應該負責任地將原因和理由探究出來，究竟是什麼原因形成這樣的數據落差。成熟店鋪經營者或是店長都應該先拋開所有正面與負面情緒的影響，根據增長和消退的項目就事論事地檢討，並且從檢討當中增長，擴大經營上的思維層面，將好的地方做出記錄保留下來，將不好的地方也做出記錄避免將來再犯相同的錯誤。如此一來，店鋪經營才能夠在經驗的積累當中不斷茁壯成長。

二、分析營業額的構造

如果單純是以營業額來看店鋪經營的話，營業額就只是一個數字的概念，能從中得到的信息有限，但如果是以這一個營業額的計算公式來考量的話，那就可以得到多種用以提升營業額的工作方法。銷售總額的公式為：

銷售總額＝零售價×實際售出數量

公式中，決定實績售出數量的因素卻很多，如顧客的客流量、入店率、顧客接觸率、顧客產品試用率、成交率、客單件、回頭率、轉介紹率等。因此銷售總額的公式可以轉變如下：

銷售總額＝客流數×入店率×深度接觸率×試用率×成交率
×客單件×回頭率×轉介紹率

為了確實掌握自己的工作方向，提升營業額，全面考慮營業額所組成的要素是必要的。也許從單點上去突破也會有成績出現，但那畢竟還是比較單方向的考量，無法對營業額做到最大的提升。因

此每一個單點都要經過分析：目前的狀況如何，可不可以更好？如果可以，應該要如何做出調整？當然，要做出這些分析，專賣店最基本的工作就是要做出這些數據的統計，如果沒有了這些最基本的數據，那麼這營業額的公式就一點都起不到什麼積極的作用了。

如何分析店鋪銷售額，這些因素的變動是如何影響到銷售額的呢？下面以一家服裝店鋪為案例來進行說明。

服裝店鋪的面積是 150 平方米，店鋪經營一年的成本費用共為 30 萬元，進貨折扣率是 45%，平均銷售折扣為 8.8 折，並且春夏季營業額佔年總營業額的 40%，一件春夏季衣服的平均正價是 350 元，春夏季客流量日均 1800 人，進店率為 5%，成交率為 10%，平均客單件為 1.2 件/人，庫存率為 15%。透過這些數字來計算怎樣提高店鋪營業額。先來計算這家服裝店的營業額。

進店率為 5%，那麼該家店鋪平均每天進店的客人數為：

1800 人/天×5%＝90 人/天

成交率為 10%，那麼每天店鋪達成成交的人數為：

90 人/天×10%＝9 人/天

店鋪客單件為 1.2 件/人，那麼每天銷售的衣服件數為：

1.2 件/人×9 人/天＝10.8 件/天＝11 件/天

以春夏季 180 天計算，春夏季的銷售服裝的數量為：

11 件/天×180 天＝1980 件

每件衣服正價 350 元，那麼春夏季按正價銷售服裝金額為：

350 元/件×1980 件＝69.3 萬元

春夏季營業額佔總營業額的 40%，那麼全年按正價銷售服裝金額為：

69.3 萬元÷40%＝173.25 萬元

庫存率為 15%，那麼訂貨金額為：

173.25 萬元÷（1－15%）＝203.82 萬元

庫存為：203.82 萬元×15%＝30.57 萬元

又因為一年銷售出服裝的平均折扣是 88%，那麼實際營業額為：

173.25 萬元×88%＝152.46 萬元

計算進貨成本為：

173.25 萬元×（1－45%）≈95.29 萬元

又因為開店成本是 30 萬元，可算出店鋪全年的淨利潤為：

152.46 萬元－95.29 萬元－30 萬元＝27.17 萬元

因為進貨折扣率是 45%，那麼價值為 30.57 萬元的庫存服裝實際動用的資金為：

30.57 萬元×（1－45%）＝16.81 萬元

則可以算出該家店鋪實際利潤為：

27.17 萬元－16.81 萬元＝10.36 萬元

三、分析對利潤的影響

在計算該家店鋪全年的利潤時，涉及客流量、進貨折扣率、銷售折扣、進店率、成交率、客單件、庫存率以及開店成本等各項數據，在這些數據中，客流量和進貨折扣率是受外界影響的，稱之為週邊因素；而銷售折扣、進店率、成交率、客單件、庫存率是受自身因素影響的，稱之為內在因素。作為店鋪的管理者，這些內在因

素都是可以透過自身的努力，隨著管理水準、銷售水準的提高來解
決的因素。

表 7-2　影響營業額的因素

庫存率	成交率	客單件/(件/人)	進店率	利潤/萬元
15%	10%	1.2	5%	10.37

①降低庫存率為 10%。

因為全年正價銷售金額為 173.25 萬元，那麼，

訂貨金額為：173.25 萬元÷(1－10%)＝192.5 萬元

庫存為：192.5 萬元×10%＝19.25 萬元

庫存佔用資金為：19.25 萬元×(1－45%)＝10.59 萬元

因為實際營業額為 152.46 萬元，進貨成本為 95.29 萬元，開
店成本為 30 萬元，這家店鋪一年的利潤為：

152.46 萬元－30 萬元－95.29 萬元－10.59 萬元

＝16.58 萬元

②降低庫存率為 10%，提高成交率為 12%。

進店率為 5%，店鋪平均每天進店的客人數為：

1800 人/天×5%＝90 人/天

成交率為 12%，每天店鋪達成成交的人數為：

90 人/天×12%＝10.8 人/天

店鋪客單件為 1.2 件/人，每天銷售的衣服件數為：

1.2 件/人×10.8 人/天≈13 件/天

以春夏季 180 天計算，春夏季的銷售服裝的數量為：

13 件/天×180 天＝2340 件

每件衣服正價 350 元，春夏季按正價銷售服裝金額為：

350 元/件×2340 件＝81.9 萬元

春夏季營業額佔總營業額的 40%，全年按正價銷售服裝金額為：

81.9 萬元÷40%＝204.75 萬元

庫存率為 10%，訂貨金額為：

204.75 萬元÷（1－10%）＝227.5 萬元

庫存為：

227.5 萬元×10%＝22.75 萬元

因為一年銷售出服裝的平均折扣是 88%，實際營業額為：

204.75 萬元×88%＝180.18 萬元

計算進貨成本為：

227.5 萬元×（1－45%）＝125.13 萬元

因為開店成本是 30 萬元，所以可算出這家店鋪全年的淨利潤為：

180.18 萬元－125.13 萬元－30 萬元＝25.05 萬元

③降低庫存率為 10%，提高成交率為 12%，提高客單件為 1.4 件/人。

運用上面的計算方法計算得出該店鋪營業額為 207.9 萬元,實際利潤為 19.08 萬元。因為進店率為 5%，那麼該家店鋪平均每天進店的客人數為：

1800 人/天×5%＝90 人/天

成交率為 12%，那麼每天店鋪達成成交的人數為：

90 人/天×12%＝10.8 人/天

店鋪客單件為 1.4 件/人，那麼每天銷售的衣服件數為：

1.4 件/人×10.8 人/天＝15 件/天

以春夏季 180 天計算，春夏季的銷售服裝的數量為：

15 件/天×180 天＝2700 件

每件衣服價格 350 元，那麼春夏季按正價銷售服裝金額為：

350 元/件×2700 件＝94.5 萬元

春夏季營業額佔總營業額的 40%，全年按價格銷售服裝金額為：

94.5 萬元÷40%＝236.25 萬元

庫存率為 10%，那麼訂貨金額為：

236.25 萬元÷（1－10%）＝262.5 萬元

庫存為：

262.5 萬元×10%＝26.25 萬元

因為一年銷售出服裝的平均折扣是 88%，實際營業額為：

236.25 萬元×88%＝207.9 萬元

計算進貨成本為：

262.5 萬元×（1－45%）＝144.38 萬元

又因為開店成本是 30 萬元，所以可算出這家店鋪全年的淨利潤為：

207.9 萬元－144.38 萬元－30 萬元＝33.52 萬元

因為進貨折扣率是 45%，那麼價值為 26.25 萬元的庫存服裝實際動用的資金為：

26.25 萬元×（1－45%）≈14.44 萬元，則可以算出該家店鋪實際利潤為：

33.52 萬元－14.44 萬元＝19.08 萬元

④降低庫存率為 10%，提高成交率為 12%，提高客單件為 1.4 件/人，提高進店率為 6%。

運用上面的計算方法計算得出該店鋪營業額為 249.48 萬元，實際利潤為 28.9 萬元。

因為進店率為 6%，那麼該家店鋪平均每天進店的客人數為：

1800 人/天×6%＝108 人/天

成交率為 12%，那麼每天店鋪達成成交的人數為：

108 人/天×12%＝13 人/天

該家店鋪客單件為 1.4 件/人，那麼每天銷售的衣服件數為：

1.4 件/人×13 人/天＝18 件/天

以春夏季 180 天計算，春夏季的銷售服裝的數量為：

18 件/天×180 天＝3240 件

每件衣服正價 350 元，那麼春夏季按正價銷售服裝金額為：

350 元/件×3240 件＝113.4 萬元

春夏季營業額佔總營業額的 40%，那麼全年按正價銷售服裝金額為：

113.4 萬元÷40%＝283.5 萬元

庫存率為 10%，那麼訂貨金額為：

283.5 萬元÷（1－10%）＝315 萬元

庫存為：315 萬元×10%＝31.5 萬元

因為一年銷售出服裝的平均折扣是 88%，實際營業額為：

283.5 萬元×88%＝249.48 萬元

計算進貨成本為：

315 萬元×(1-45%)＝173.25 萬元

因為開店成本是 30 萬元，所以可算出這家店鋪全年的淨利潤為：

249.48 萬元－173.25 萬元－30 萬元＝46.23 萬元

計算整理，如表 7-3 所示。

表 7-3　影響利潤的因素

庫存率	成交率	客單件/(件／人)	進店率	利潤/萬元
10%	12%	1.4	6%	46.23

計算過程是透過對影響營業額的庫存率、成交率、客單件、進店率四項因素進行小幅度的調整，營業額就會發生比較大的變化。當把庫存率降低 5%時，店鋪的利潤增長為 16.58 萬元；當庫存率降低的時候，把成交率提高 2%，這個時候店鋪的利潤增長為 25.05 萬元；在此基礎上我們把客單件提高到 1.4 件/人時，店鋪的利潤增長到 33.52 萬元；最後我們再把進店率提高到 6%時，店鋪的利潤增加到 46.23 萬元，增長了近 35.86 萬元，有了很大的漲幅。

從上面分析可以看出，在分析影響店鋪營業額因素時，每一項影響因素的微調都會使店鋪的利潤有很大的變化。

對庫存率、成交率、客單件、進店率進行調整時，調整的幅度要根據自身的經營水準設定改善目標，並採取不同的措施來支援這項目標的達成。例如，為了降低庫存率，就需要對店鋪中貨品的生存週期有個很明確的瞭解，知道貨品的上貨波段及庫存週期的情況，適時地採取貨品促銷的手段清理貨品，降低庫存。

提高成交率和客單件的方法主要是透過提高店鋪員工的銷售

能力和附加推銷能力來實現，適當的採取獎金激勵的方式，促使員工增加附加推銷能力也是個不錯的方法。進店率的提高則依賴於店鋪良好的陳列，如櫥窗的佈置、店鋪的裝修設計等。

　　每一項影響因素的改善都需要各方面的知識結構支撐，一個簡單數字的調整看似容易，卻包含了許多的知識和技能，如經營管理、店鋪陳列、銷售服務等各個方面的內容。因此，全面地瞭解這些知識，提高店鋪的營業業績將會水到渠成。

心得欄 _____

_____

_____

_____

_____

_____

第 *8* 章

分析你的客流量潛在奧妙

　　透過實際調查案例，分析對商店銷售數據，店鋪經營狀況，影響客單價的原因，店鋪陳列改善、商品價格，員工的服務態度和工作水準等，進行實態分析，尋找對店鋪業績的改善方式。

一、商店的銷售數據分析

　　以商店銷售分析數據，介紹客流量與客單價對店鋪業績的作用及改善方式。表 8-1 是一個店鋪的銷售業績。

表 8-1 店鋪銷售數據

店鋪	銷售/元	面積/平方米	客單價	客流量/人	日均銷售/元	坪效	店鋪類型
一店	158692.3	75	13.13	403	5289.74	2115.90	1、2、3
二店	85389.82	55	5.44	523	2846.33	1552.54	4、9
三店	240127.4	180	10.92	733	8004.25	1334.04	1、2、8
四店	85402.2	67	11.71	243	2846.74	1274.66	5、10
五店	63522.49	65	7.28	291	2117.42	977.27	2
六店	59346.3	35	12.68	156	1978.21	1695.61	5
七店	58773	100	7.18	273	1959.10	587.73	1、2、3、7
八店	136761.3	55	9.43	484	4558.71	2486.57	1、5、8
九店	167573.9	120	9.97	560	5585.80	1396.45	1、4、6、8
十店	163051.2	125	9.21	590	5435.04	1304.41	1、3、5
十一店	84502.15	65	6.61	426	2816.74	1300.03	2、4
十二店	175789.4	220	12.79	458	5859.65	799.04	1、6、8
十三店	90376	102	7.12	423	3012.53	886.04	2、8
十四店	67887.3	32	4.01	565	2262.91	2121.48	4
合計	1601843	1316		6015	53394.75	1217.21	
平均	114417.3	94	8.88		3813.91		

店鋪的類型：

1. 交通要道　2. 老居民區　3. 商業區　4. 學校附近　5. 新居民區

6. 城鄉接合地　7. 附近有大型超市（500米範圍內）　8. 購物不方便地帶

9. 醫院　10. 專業市場

二、店鋪經營狀況分析

從地理位置分析，得出：

①因為消費力不強，位於純粹老居民區的店鋪銷售不好，如五、七店；

②新居民區店鋪雖然客流量較差，但是由於消費力較好，所以客單價高，如四、六、八、十店；

③位於學校附近店鋪雖然客交易量大，但是客單價偏低，如二、十四店；

④新居民區、商業區、交通要道和城鄉接合地店鋪綜合數據較好，如一、三、八、十店；

⑤購物不方便地帶因為體現了「在不方便的地方提供便利」，故綜合數據較好，如三、九、十二店；

⑥附近有大型超市的店鋪銷售影響大，如七店。

有問題的店鋪（低於平均水準的店）

①客交易金額偏低的店鋪有二、五、七、十一、十三、十四店；

②客交易量偏低的店鋪有一、四、五、六、七、十一、十三店；

③坪效偏低的店鋪有五、七、十二、十三店。

得出問題最大的店鋪是五、七、十一、十三店。

因此，那些店鋪是隨後管理的重點，從上面的分析應該就可以一目了然。在圈定了有問題的店鋪後，看應該採取什麼樣的手段去改善店鋪的管理，提高經營業績。

三、分析影響客單價的原因

①商品的陳列問題。

重點是佈局方面，在這裏重點講的是商品該如何陳列的問題。諸如商品排面的大小、空間緊湊程度都是影響商品銷售的重要因素。而提高客單價的核心方式就是「關聯陳列」，即根據商品與商品之間的關聯因素以及顧客的消費習慣來進行合理陳列。引起顧客的直接注意，從而增大客單價上升的機會。

根據研究報告，顧客 70%以上的購買決定是在商店內做出的，這個比例就要看你的商品是否具備足夠的注視程度。可以設想：一個女性顧客進來店鋪，如果一開始只是想買一包餅乾，但是在選的過程中看見了飲料，順便就拿了一瓶，這樣客單價是不是就有了提高？因此，餅乾和飲料這兩種關聯性大的類別就應該儘量放在同一個地方。

②員工的推銷服務技巧。

一個經典的案例：一個本來只想買一包止痛藥的顧客到一個百貨公司後，被賣藥的那個員工推銷了完全和藥品不相干的價值50000 多元的商品。也許這個故事有所誇張，但至少說明了推銷技巧的重要性。員工自身的素質、敬業態度、工作的熱情、對商品和價格的熟悉程度決定了推銷技巧的好壞，因此，相關的培訓必不可少。

③促銷活動的影響。

在這裏主要談的是採取何種促銷方式提高客單價。店鋪的客單

價平均不到 90 元錢，就可以不定時地採取單票買滿 100 元就贈送或者換購某些商品的活動，以此來提高顧客的交易金額。特別是針對客單價偏低的店鋪，這類的活動應該重點推廣甚至有針對性地來做。另外像折價券、積點返利、積分卡等方式都是提高客單價的有效手段。客單價偏低的店鋪，與以上三個因素是密不可分的。

④提高客單價的方式

人力資源部：儲備人員到位，並針對公司的規章制度的培訓、服務態度、技巧安排全體員工的相關培訓，同時商品部安排相關的商品內容培訓，讓員工儘快熟悉商品及價格。培訓結束後進行考核，重點針對有問題的店鋪，不合格的人員予以辭退更換。

督導部：重點針對五、七、十一、十三店鋪，令其在一週內拿出調整方案，進行商品佈局、陳列的調整；對四、六、七、十一、十三、十四店加強服務品質、推銷技巧方面的督導；安排拓展部對一、四店的店容整改。

商品部：對五、七、十三店拿出價格調整方案，並儘快完善服務性項目的談判及引進。

配送中心，加快配送效率，進一步嚴格庫存卡的規範填寫，便於更好地掌握庫存。

企劃部：做出本月促銷計劃並執行。

雖然以上的分析是針對便利店，但是同樣的方式對於大店也一樣有效。在大店裏，可以針對不同部門的客單價及客流量進行分析（不同時間段的對比），根據以上分析找出原因所在，有重點地對出現的問題對症下藥進行管理，而非「眉毛鬍子一把抓」。

四、改善店鋪業績的方法

透過數據，分析影響客流量的因素及改進提高方式。

①店鋪的直觀吸引力，如裝修、招牌、燈光以及整潔度、清潔度等。形象上的賞心悅目本身就具備強烈的視覺衝擊力，對於顧客來講有直接的引導效果。有的店鋪因為督導不力就有門面破舊、燈光昏暗、店鋪零亂等現象，這就讓顧客有店裏的東西也不會好到那兒去的感覺。

②商品陳列的方式、店面佈局有問題。便利店是一個快速作業並讓顧客自選商品的業態，並且如果商品配置陳列不合理，顧客進來找不到或者很不容易找到需要的商品，以及通道走向上存在問題，給顧客購物造成麻煩或不方便，那麼顧客第二次再來的機會就很少了。那些商品應該放在什麼位置，這個是在佈局的時候首先要考慮的問題。並且，店鋪產生營業以後，店鋪的責任就是隨時要提供消費習慣、顧客意見等信息給公司參考，便於公司對方案進行及時調整。這是影響店鋪客流量的一個非常重要的因素，督導部門應該在巡店的時候引起高度重視。另外，店鋪的懸掛物品是否規範也是陳列佈局的一個方面，這也是區別於一般小店的一種重要手段。

③商品不能適銷對路。商品不能適銷對路即商品的差異化體現。不瞭解顧客的需求，憑感覺鋪貨要貨，顧客需要的商品沒有，不需要的充斥整個店鋪，顧客不上門也就不足為奇了。這主要是因為對於消費需求及週邊環境調查不力造成的。前期是商品部及配送中心一相情願的因素，後期是店鋪經營閉門造車及督導不力的結

果。

④商品的豐滿程度有問題，空架率高。對於商品陳列豐富的店鋪，即使陳列混亂一些，顧客也會有這樣的感受：這個商店東西很齊全，肯定有我要的東西。而顧客進店看到這個架子商品也缺，那個架子也空，第一感受就是：這個店鋪什麼東西都沒有，我不買了。下次也不來了。這個問題的產生和店長的素質有較大關係。不能及時地把商品訂單傳到配送中心，貨賣完了才想起訂貨，空架就理所當然。當然，督導的責任也較大。另外就是配送中心的配送效率問題，不把店鋪的貨及時配出，店鋪要的貨由於缺貨配不了，也會導致店鋪空架。

⑤商品價格不合理。價格不是便利店競爭的主要問題，但是具體問題要具體分析。對於處在老居民區的店鋪，由於生活水準低，買東西的都是些精打細算的老人，如果要追求高毛利，銷售量必然上不去。這也給拓展部選址人員一個明確的概念：純粹居民區的門面對於便利店來講不是好門面。還有，如果週邊小店或者攤販特別多，那麼，價格上也不能按照標準的價格去做。另外，對於商品部也提出了要求：這個地方同樣的商品價格為什麼比我們低這麼多？這就迫使商品部人員與供應商談判或者採取直營採購等其他的措施。

⑥員工的服務態度和服務水準、品質有問題。員工的品質差、對商品不熟悉、不瞭解公司的規章制度等因素會導致顧客對員工的服務不滿意、抱怨，甚至投訴，會給公司造成信譽上的打擊。同時，由於好事不出門，壞事傳千里，處理不好會導致客源逐漸流失。人無完人，再完善的店鋪都有服務上出問題的時候。這也是管理者一

直非常撓頭的問題。問題的關鍵在於店鋪的人力資源政策是否完善，人力準備是否充分。如果一個什麼培訓都沒有參加或者什麼服務經驗都沒有的員工派到店裏，那不出問題才怪。而事後的亡羊補牢也是必須要及時的，千萬不能拖，對於這些問題產生後一定要嚴肅處理，不然會對整體造成影響。

⑦員工工作的心態有問題。有時候會因為薪資問題、員工的素質問題(如內盜、收銀員異常收銀)、員工之間的關係不協調、店長的能力及頻繁調動等問題導致員工心態失常，其結果就是造成員工的服務出現問題。在這樣的情況下，如果不及時進行調查處理，店面的銷售就會直線下降。

⑧員工的親和力有問題。員工的親和力這是一個行銷手段的問題。有幾個店鋪本來銷售上如果按照常規是沒有那麼好的，如第八店，但在親和力上這個店鋪的幾個員工做得比較到位，他們基本都習慣了用一些比較親切的稱呼與顧客打交道，使得顧客非常認同店鋪。

⑨週邊的競爭有較大影響。在固定居民佔主導消費的店鋪，一些小店及攤販都比較多，尤其是大型社區存在大型超市的話，所在地店鋪的銷售就有問題了。要改善狀況就比較複雜，就必須綜合價格調整、員工服務及服務性差異化方面，表現出對手無法競爭和對比的優勢來。

⑩公司的促銷活動不到位。促銷包括了整體促銷和店面促銷手段兩個方面。雖然便利店比較分散，促銷活動的方式方法難以過多體現，但是對於新店開張的宣傳以及定期的一些常規的活動還是要做的。這樣才能及時將店鋪推廣出來讓顧客接受。另外，店面廣告、

POP 以及重點商品的推廣也是促銷的內容之一。並且，透過促銷能夠體現出一般小店無法比擬的統一及正規優勢。

表 8-2 店鋪症狀表

序號	問題	一店	四店	五店	六店	七店	十一店	十三店
1	店鋪的吸引力	☆	☆				☆	
2	商品陳列佈局			☆	☆	☆	☆	☆
3	商品空架率							☆
4	商品價格、消化率			☆		☆		☆
5	商品的差異化		☆	☆	☆	☆	☆	☆
6	員工服務態度、品質	☆				☆	☆	☆
7	員工工作心態				☆	☆	☆	☆
8	員工的親和力	☆	☆		☆	☆	☆	☆
9	週邊的競爭			☆		☆		
10	促銷活動			☆		☆		
11	服務性項目的設置	☆	☆		☆		☆	☆

(11)服務性項目的設置不是很合理及有效。便利店的核心就是功能服務上與其他小店的不同之處及不可相比的因素，如乾洗、公用事業費用代收、充值卡銷售、鮮花、茶葉蛋、爆米花、藥品、票務、郵寄、書刊雜誌、送貨上門等服務項目。這樣除了能讓顧客買到自己急需的商品外還能夠得到方便的服務，同時也因為這些項目的設置帶動店面的銷售。當然，不能夠完全照搬一種模式，要根據實際

的狀況和位置特點去引進、設置合適的項目。每個地方都有實際的情況，有的項目你想做沒法做，例如代收費，藥品目前還在管制中，所以無能為力。服務性項目的設置也是體現店鋪的差異化的一種方式。

透過對客流量低的店鋪進行判斷，分析店鋪目前的狀況符合上述那些現象（如表 8-2 所示），然後才能對症下藥，針對問題採取措施及時去解決。

五、店客流量的調查案例

在影響店鋪營業額的指標，介紹一個客流量方向影響櫥窗設定的案例。

1. 客流動線的觀察

· 客流進入店鋪後，如何使他們按照既定路線行進？

· 合理的客流動線設計可以使客流到達店鋪的每一個角落，提高店鋪的容量和成交率。

對該店的觀察情況如表 8-3 所示。

表 8-3 店鋪在三個時段的客流數據

日期	統計時間	地點	統計人數	客流量	
				左側客流	右側客流
3月4日	8：51～8：56 （5分鐘）	店外	128	71	57
3月4日	15：20～15：30 （10分鐘）	店外	568	313	255
3月4日	15：40～15：50 （10分鐘）	店外	520	286	234

2.客流量的解析

透過客流量分析，不同時間段內的有效客戶不同。

左右門的客流明顯不均衡，左側人流量遠大於右側人流量。因此，櫥窗陳列，特別是模特的朝向及相關道具的擺放方向需考慮以朝向左側人流為主，同時關注基於人流的主流向的店鋪內設置顧客流動線及黃金陳列區的位置。

表 8-4　店鋪巡查評核表

日期：　　　　天氣：　　　　巡查地點：　　　　巡查人：

外部巡查					
項目	內容記錄				備註說明
商圈巡查	客流情況				
	商圈定位				
	顧客定位				
	品牌結構				
	促銷狀況				
競爭品巡查	品牌	A品牌		B品牌		
		讚賞點	不足之處	讚賞點	不足之處	
	品牌定位					
	陳列形象					
	顧客服務					
	人員管理					
	賣場管理					
	貨品情況					
	促銷活動					
內部巡查					
類別	檢核項目		情況記錄		改進建議
店外環境	店外的燈箱、招牌、門口清潔情況				
	門頭海報、水牌活動標識				
	櫥窗陳列展示				
	門位模特穿著				
	從外向內觀看陳列器架佈局				

續表

內部巡查			
類別	檢核項目	情況記錄	改進建議
店內環境	燈光運作		
	音樂播放		
	地面衛生清潔狀況		
	試衣間衛生整潔程摩		
	收銀台衛生整潔程度		
	陳列道具、模特狀況		
	吊牌上標準打簽、物價簽符合物價局標準		
	陳列貨品規範程度		
	半/全模特組合搭配、配件符合標準程度		
店鋪文檔	文件分類擺放、整潔有序		
	文檔內容完整		
倉庫環境	衛生狀況良好		
	貨品數量合理性		
	倉內貨品擺放合理性		
	倉內空間合理性		
服務情況	儀容儀表標準程度		
	打招呼		
	瞭解需求		
	貨品介紹		
	試穿與附加推銷		
	收銀流程		
	售後服務		
	店鋪團隊精神表現		

第 9 章

商品管理中的數字與報表

一、商品線的構成

商品群是依照商品觀念所集合成的商品群體，是商店商品分類的重要依據。每一類商品就是一條商品線，例如男裝店就有西裝、襯衫、領帶和襪子等幾條商品線。

1. 主力商品

主力商品是指完成銷售或銷售金額在商品銷售業績中佔舉足輕重地位的商品。百貨商店主力商品的增減、經營業績的好壞直接影響商店經濟效益的高低，進而決定商店的命運。主力商品的選擇體現了商場在市場中的定位以及整個商場在人們心目中的定位。主力商品的構成：

(1)感覺性商品：在商品設計、格調上都與商場形象吻合並要予以重視的商品。

(2)季節性商品：配合季節的需要，能夠多銷的商品。

(3)選購性商品：與競爭者相比較容易被選擇的商品。

2.輔助商品

輔助商品是與主力商品具有相關性的商品。其特點是銷售力方面比較好，重點為：

(1)價廉物美的商品：在商品的設計、格調上可能不太重視，但對顧客而言，卻因價格便宜、實用性高受青睞。

(2)常備商品：此類商品對季節性不太敏感，無論在業態或業種上必須與主力商品具有關聯性而容易被顧客接受的商品。

(3)日用品：不需要特地到各處挑選，而是隨處可以買到的一般目的性商品。

3.附屬品

附屬品是輔助商品的一部份，對顧客而言也是易於購買的目的性商品。其重點為：

(1)易接受的商品：展現在賣場中，只要顧客看到，就很容易接受而且立即想買的商品。

(2)安定性商品：具有實用性但在設計、格調、流行性上無直接關係的商品，即使賣不出去也不會成為不良的滯銷品。

(3)常用的商品：日常所使用的商品，在顧客需要時可以立即指名購買的商品。

4.刺激性商品

為了刺激消費者的購買慾望，可以在上述三類商品群中選出重點商品，必要時挑出某些單品，以主題陳列方式在賣場顯眼處大量陳列，藉以帶動整體銷售。其重點為：

(1)戰略性商品：配合銷售戰略需要，用來吸引顧客，在短時間

內以一定的目標數量來銷售的商品。

(2)待開發商品：為了考慮今後的大量銷售，商店積極地加以開發並與廠商配合所選出的重點商品。

(3)特選商品：以特別組合的方式加以陳列，成為吸引消費者並帶動消費者購買慾望的商品。

二、優化商品結構的依據

1.商品銷售排行榜

大多數連鎖商店的銷售系統與庫存系統都是連接的，後台電腦系統都能整理出商店每天、每週、每月的銷售排行榜，從中可以看出每一種商品的銷售情況，對滯銷商品要調查原因，如果無法改變滯銷情況就應該予以撤櫃處理。但對新上櫃的商品或者某些日常生活必需品，不要急於撤櫃。

2.商品貢獻率

銷售額高、週轉率快的商品不一定毛利高，而週轉率慢的商品未必就利潤低。沒有毛利的商品銷售額再高，其作用都有限，畢竟商店要生存，沒有利攔的商品短期內可以存在，但不應長期佔據貨架。看商品的貢獻率的目的在於找出對商店貢獻率高的商品，並使之銷售得更好。

3.損耗排行榜

該指標將直接影響商品的貢獻毛利。例如，日配商品的毛利雖然高，但由於其風險大、損耗多，可能純利不高。對損耗商品的解決辦法一般是少訂貨，同時由供應商承擔一定的合理損耗。另外，

有些商品的損耗是商品的外包裝造成的,應該讓供應商及時予以修改。

4.週轉率

商品的週轉率也是優化商品結構的指標之一。店長不希望商品積壓影響資金流動,所以週轉率低的商品不能滯壓太多。

5.新進商品的更新率

連鎖商店週期性地增加商品的品種,補充商店的新鮮血液,以穩定自己的固定顧客群體。商品的更新率一般應控制在10%以下,最好在5%左右。另外,新進商品的更新率也是考查採購人員的一項指標。需要導入的新商品應符合商店的商品定位,不應超出固有的價格帶,對價格高而無銷量的商品和無利潤的商品應適當予以淘汰。

6.商品的陳列

在優化商品結構的同時,應該優化商店的商品陳列,適當地調整無效的商品陳列面。對同一類商品的價格帶陳列和擺放也是調整的對象之一。

三、商品構成中歷史數據的參考

流通將影響整體經營。要把流通做好,就要做好商品銷售管理,也就需要充分運用管理資訊,做好商品進貨、賣貨、存貨、訂貨、換季及滯銷等管理,從銷售管理流程可看出,管理資訊是重點。脫離商品流通資訊,無法就市場的反應規劃商品的內容,也無法掌握顧客實際的需要,使商品得到較好的分配,更不用談在銷售的過

程中，利用產生的資訊來滿足顧客、服務顧客，在市場競爭中脫穎而出了。

　　上一年度品類構成的歷史數據對下一年度訂貨時品類構成的比例有很大的參考作用。商品品類構成中的主要參考因素包含進貨數量、進貨數量佔比、銷售數量、銷售數量佔比、消化率、進貨金額、進貨金額佔比、銷售金額、銷售金額佔比。消化率定義為該品類的銷售數量與進貨數量的比值。

　　有些品類消化率低，說明訂貨時訂得比較多，這時就不能將這種品類作為核心商品來訂貨。一般情況下，最好以某品類三年時間的進貨數量、銷售數量、進貨金額、銷售金額的平均值為基礎計算出消化率，這樣的數值比較有參考價值和說服力，可作為下一年度該品類進貨多少的參考數值。

　　從下面表 9-1 可以看出，產品 H 的銷量最大，訂貨量要增加，產品 A 消化率低，訂貨時要減少數量。透過銷售金額比率，可以分析出 D、F、G、H 屬於主力商品，透過進貨金額和進貨數量可以計算求出各品類的進貨單價。同時，我們透過計算得出的消化率分析，目前的商品總消化率為 76%。我們可以設定一個目標消化率的數值 80%，來提高貨品的銷售金額。

　　去年本季的銷售數據只是作為參考，還要看今年一整年的銷售增長率。根據幾個季的銷售潛力以及實際銷售狀況，就可以分析出店鋪的業績增長率。當然業績增長率並不表示只增不減，也可能由於競爭、管理、品牌等原因，增長率為負數，這也要進行考慮。

表 9-1　去年同期的商品構成報表

商品名稱	進貨數量	進貨比率	銷售數量	銷售比率	消化率	進貨金額	進貨款比率	銷售金額	銷售款比率
產品A	7300	5%	4300	4%	59%	1007400	4.65%	593400	3.70%
產品B	8000	5%	5300	5%	66%	1120000	5.17%	742000	4.63%
產品C	2800	2%	2310	2%	83%	168000	0.77%	138600	0.86%
產品D	11800	8%	9780	9%	83%	2124000	80%	1760400	10.98%
產品E	4500	3%	3580	3%	80%	180000	0.83%	143200	0.89%
產品F	7300	5%	5600	5%	77%	2555000	11.78%	1960000	12.22%
產品G	35000	23%	26380	23%	75%	4830000	22.28%	3640440	22.70%
產品H	35000	23%	29100	26%	83%	4130000	19.05%	3433800	21.41%
……	……	……	……	……	……	……	……	……	……
合計	149600	100%	113840	100%	76%	21680400	100%	16038440	100%

1.商品寬度與深度分析

店鋪商品的配置難點就是商品品類深度與寬度之間的平衡點，要保證在最大限度地滿足消費者有挑選餘地的同時又能使資金和庫存有效的週轉。

(1)商品寬度

商品寬度即店鋪中的商品品類的多少，品類越多，商品的範圍越寬，如圖的 A 類商品、B 類商品、C 類商品、D 類商品……都屬於商品寬度的表示。

在商品的寬度中，可根據銷售數據進行分析，分析出中心類商

品和非中心類商品，中心類商品是產生業績比例比較大的部份。圖中灰色部份即為每個商品類別裏面銷售狀況良好的型號。

圖 9-1 商品品類的構成

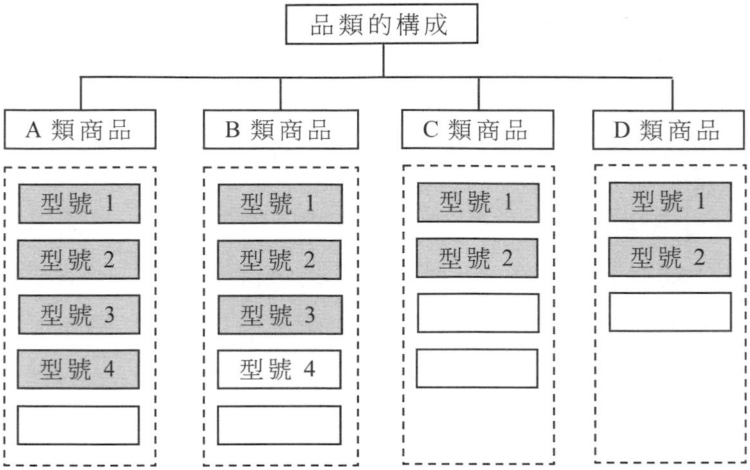

```
                    ┌──────────────┐
                    │  品類的構成   │
                    └──────────────┘
        ┌──────────┬──────┴──────┬──────────┐
  ┌──────────┐ ┌──────────┐ ┌──────────┐ ┌──────────┐
  │ A 類商品  │ │ B 類商品  │ │ C 類商品  │ │ D 類商品  │
  └──────────┘ └──────────┘ └──────────┘ └──────────┘
  ┌────────┐   ┌────────┐   ┌────────┐   ┌────────┐
  │ 型號 1  │   │ 型號 1  │   │ 型號 1  │   │ 型號 1  │
  ├────────┤   ├────────┤   ├────────┤   ├────────┤
  │ 型號 2  │   │ 型號 2  │   │ 型號 2  │   │ 型號 2  │
  ├────────┤   ├────────┤   ├────────┤   └────────┘
  │ 型號 3  │   │ 型號 3  │   └────────┘
  ├────────┤   ├────────┤
  │ 型號 4  │   │ 型號 4  │
  └────────┘   └────────┘
```

(2)商品深度

深度指的是在某一個特定的品種之內提供給消費者選擇的多少，如圖 9-1 中型號 1、型號 2 等表示的就是商品的深度。

不同的零售類商品由不同的商品構成，大型綜合類店鋪商品的構成一般是寬而淺類型；專賣類型的商場一般是窄而深類型。

拿服裝零售店來說，時尚品牌休閒類服裝店多屬於寬而淺的商品結構；而經典的或傳統的或單品類品牌店，例如羊絨衫專賣店則屬於窄而深的商品結構。

(3)根據商品的銷售數據，分析主力商品

針對不同系列服裝和鞋的銷售情況進行銷售數據的分析，得出那個系列的商品為主力商品，更受消費者的歡迎。

　　根據品牌定位的不同，還有其他的一些數據也要進行統計和分析，例如，在具體的款式上面，領型、顏色、紐扣等的分析。例如在女裝的襯衫中，職業襯衫和休閒襯衫的比例等，還有像面料的銷售比例、花型的銷售比例、T恤當中不同領型的銷售比例……都要進行統計和分析，最後才能夠得出詳實的資料，為今年的訂貨做好準備。

2.商品內容分析

　　在對單項商品進行分析的時候，少不了要對商品的具體內容進行分析，例如對服裝的款式、顏色、尺碼、材質、價位等因素的分析；其他的零售類商品則根據商品的新要素進行分析。例如，食品分析的則是口味、顏色；而家電類商品則重點分析款式與功能。

(1)款式分析

　　對同類別中不同款式的銷售數據進行分析，可以確定暢銷款和滯銷款。消化率大並且銷售數量佔比大的款式才是暢銷款，因為消化率可能會由於訂貨量少而導致計算的數值偏大，所以在比較消化率的同時要比較銷售數量。銷售金額佔比可以分析出那種款式的襯衫能獲得更大的銷售金額，可以讓我們比較關注該種款式，在訂貨和促銷時做出積極的反應。例如，在保證不是滯銷款的情況下，適當提高訂貨數量，加大促銷力度，以贏取更大的利潤空間。

(2)尺碼分析

　　在服裝訂貨中，尺碼的確定不能想當然，要以銷售數據為依據來分析具體的尺碼佔比。另外，不同類別在同一地區的銷售中，其尺碼比例也可以存在差異。例如，按常規來講，女裝中吊帶服裝，偏胖的人很少穿吊帶，所以小尺碼的吊帶銷售佔比會略多一點；而

風衣類服裝由於一般是寬鬆型的，有些品牌的風衣可能還顯得比較職業，所以偏大碼的銷售要更好一點……所以，要以銷售數據的分析結果為依據。

以襯衫品類為例，從表 9-2 中數據可以看出，襯衫尺碼為 A720 的消化率特別大，銷售數量佔比也比較高，說明尺碼為 A720 的襯衫訂貨可能訂得少了，在補貨時，要適當加大補貨的數量。

表 9-2　男士襯衫尺碼消化率

尺碼	匯總		消化率	銷售數量佔比	銷售金額佔比
A710	進貨數量	11540	74%	29%	
	銷售數量	8510			
A720	進貨數量	12320	91%	39%	
	銷售數量	11220			
M130	進貨數量	11140	84%	32%	
	銷售數量	9370			
總計	進貨數量	35000	83%		
	銷售數量	29100			

⑶顏色分析

在顏色佔比上也同樣要以銷售的實際數據作為參考。一般來講，下裝通常深顏色和素色的比例偏多一點，而上裝則是彩色的、亮色的比例相對偏多一點。這些都不能任由經銷商說了算，而要透過銷售數據的分析來確定。

透過顏色分析能夠分析出好賣和不好賣的顏色比較，確定流行

色。我們透過消化率和銷售數量的對比還可以看出顏色為 N100 的男式襯衫雖然消化率為 92%，是所有顏色中最高的，但是其銷售數量佔比卻不是最高的，說明可能其訂貨數量訂得少。從而可以進一步確定那些是概念款、那些是基本款、那些是暢銷款。

⑷材質分析

同樣，以銷售的實際數據作為參考，消化率大，並且銷售數量佔比大的棉滌男士襯衫較受消費者的歡迎。

3.根據歷史數據確定今年的商品構成

根據去年各品類銷售金額佔比及今年的總目標營業額，可以確定今年商品構成中各品類商品的目標營業額、採買件數及採買金額。例如去年本季襯衫銷售多少，褲子銷售多少等等；在褲子當中牛仔褲多少，西褲多少，長褲多少，七分褲多少……都要進行統計與分析。另外，還要看那些類別銷售有困難，那些類別銷售還有潛力，這樣以便在統計出的數據後面做適當的調整。

例如，假設根據去年的商品分析，得出商品相關數據見表9-3，根據表 9-3 數據，設定今年總目標營業額為 2000 萬元，各款式服裝的消化率調整為 80%，如表 9-4 所示，男式襯衫在去年銷售金額中佔比為 21.41%，那麼男式襯衫今年的目標營業額為多少？採買件數為多少件？

表 9-3　去年同期的商品構成

商品名稱	進貨數量	進貨佔比	銷售數量	銷售佔比	消化率	進貨金額	進貨款佔比	銷售金額	銷售款佔比
商品A	11800	8%	6180	5%	52%	2832000	13.06%	1483200	9.25%
商品B	13300	9%	10200	9%	77%	2128000	9.82%	1632000	10.18%
商品C	8000	5%	5300	5%	66%	1120000	5.17%	742000	4.63%
商品D	35000	23%	26380	23%	75%	4830000	22.28%	3640440	22.70%
男式襯衫	35000	23%	29100	26%	83%	4130000	19.05%	3433800	21.41%
商品F	11800	8%	9780	9%	83%	2124000	9.80%	1760400	10.98%
商品G	4500	3%	3580	3%	80%	180000	0.83%	143200	0.89%
商品H	7300	5%	5600	5%	77%	2555000	11.78%	1960000	12.22%
商品I	7300	5%	4300	4%	59%	1007400	4.65%	593400	3.70%
商品M	……	……	……	……	……	……	……	……	……
合計	149600	100%	113840	100%	76%	21680400	100%	16038440	100%

表 9-4　男式襯衫在去年銷售金額中佔比

商品名稱	去年銷售金額佔比	目標消化率	目標營業額/萬元	件單價/元	採買件數	採買金額
商品A	9.25%	80%	2000萬×9.25%			
商品B	10.18%	80%	2000萬×10.18%			
商品C	4.63%	80%				
商品D	22.70%	80%				
男式襯衫	21.41%	80%	428.2	118	45360	535.25
商品F	10.98%	80%				
商品G	0.89%	80%				
商品H	12.22%	80%				
商品I	3.70%	80%				
商品M	……	……				
合計	100%	80%				

男式襯衫今年的目標營業額為：

2000 萬×21.41%＝428.2 萬元

又因為目標消化率為 80%，則該男式襯衫的採買金額為：

428.2 萬元÷80%＝535.25 萬元

男式襯衫的件單價可透過表 9-4 中的數值計算為：

4130000 元÷35000 元＝118 元

那麼採買的件數為：

535.25 萬元×10000÷118 元/件＝45360 件

同理可以算出今年商品構成中其他品類的目標營業額、採買件數及採買金額。

四、商品結構優化的數字

　　每個店鋪的管理人員都不希望看到暢銷商品斷貨，而滯銷品卻堆積如山的現象。然而，很多經營者由於只知道各種商品的大致銷售情況，對於滯銷商品的挑選和淘汰總是把握不好。大部份的經營者都知道商品的 20/80 法則，即店鋪裏 80%的商品的銷售額只佔總銷售額的 20%，而 20%的小部份商品的銷售卻佔據總營業額的 80%。這只是一個粗略的數字比例。店鋪有什麼樣的商品，它們的結構比例是多少，這些問題需要經營者細緻地思考，不斷優化商品結構。

　　優化店鋪的商品結構的重要性，就像是在整理電腦的註冊表，刪改得正確，會提高系統的運行速度，刪改得不正確，可能會導致電腦的系統癱瘓。商品結構的調整有以下幾點好處：

　　①節省陳列空間，可以提高店鋪的單位銷售額；

　　②有助於商品推陳出新；

　　③便於顧客對有效商品的購買，以便保證主力商品的銷售比率；

　　④有助於協調店鋪與供應商的關係；

　　⑤提高商品之間的競爭；

　　⑥提高店鋪的商品週轉率，降低滯銷品的資金佔壓。

1. 品類構成比例

　　店鋪中的商品不是單一的，而是各種商品有一定的構成比例，當這種構成比例達到平衡時才能增加店鋪的銷售額，提升店鋪的銷售業績。

商品結構的劃分是有科學道理的，以前就曾發生過這樣的事情：公司對於店鋪的單位產出要求極高，覺得 60%的基本商品佔有面積過大，於是刪去了很多，以為可以不影響店鋪的整體銷售，同時會提高單位面積的產出比和主力商品的銷售比率。結果是店鋪的貨架陳列不豐滿，品種單一，店鋪的整體銷售下滑了很多，所以，對於商品的結構調整的前提是店鋪商品品種極大豐富。

一般情況下，店鋪中的商品構成可分為三種：形象產品、主力產品、基本產品。它們的店鋪面積佔比和產生的銷售額佔比分別如表 9-5 所示。

表 9-5　商品構成比例

比例	形象產品	主力產品	基本產品
店鋪比例	10%	30%	60%
銷售額比例	5%	55%	40%

2.優化商品結構

優化店鋪商品結構應從以下指標進行考核：

(1)商品銷售排行榜

現在大部份店鋪的銷售系統與庫存系統是連接的,後臺電腦系統能夠整理出店鋪的每天、每週、每月的商品銷售排行榜。ABC 分析法是對重點商品或項目的管理手段，具體做法是：首先將商品依暢銷度排行，計算出每一項商品銷售額構成比及累計構成比，以累計構成比為衡量標準。即 80%的銷售額約由 20%的商品創造，此類商品為 A 類商品；15%的銷售額約由 40%的商品創造，此類商品為 B 類商品；5%的銷售額約由 40%的商品創造，此類商品為 C 類商品。

　　透過分析商品，就可以看出每一種商品的銷售情況，調查其商品滯銷的原因，如果無法改變其滯銷情況，就應予以撤櫃處理。在處理這種情況時應注意：對於新上櫃的商品，往往因其有一定的熟悉期和成長期，不要急於撤櫃；對於某些日常生活的必需品，雖然其銷售額很低，但是由於此類商品的作用不是贏利，而是透過此類商品的銷售來拉動店鋪的主力商品的銷售，如針線、保險絲、蠟燭等。

⑵ 商品貢獻率

　　單從商品排行榜來挑選商品是不夠的，還應看商品的貢獻率。銷售額高、週轉率快的商品，不一定毛利高，而週轉率慢的商品未必就是利潤低。沒有毛利的商品銷售額再高，也是沒有意義的。畢竟店鋪是要生存的，沒有利潤的商品短期內可以存在，但是不應長期佔據貨架。看商品貢獻率的目的在於找出店鋪的商品貢獻率高的商品，並使之銷售得更好。

⑶ 損耗排行榜

　　商品損耗排行這一指標是不容忽視的，它將直接影響商品的貢獻毛利。例如：日配商品的毛利雖然較高，但是由於其風險大、損耗多，可能會是賺的不夠賠的。曾有一家店鋪的羊肉片的銷售在某一地區佔有很大的比例，但是由於商品的破損特別多，一直處於虧損狀態，最後唯一的辦法就是，協商提高供應商的殘損率和提高商品價格，不然就將一直虧損下去。對於損耗大的商品一般是少訂貨，同時應由供應商承擔一定的合理損耗，另外有些商品的損耗是因商品的外包裝問題，這種情況，應當及時讓供應商予以修改。

(4) 商品週轉率

商品的週轉率也是優化商品結構的指標之一，誰都不希望某種商品積壓流動資金，所以週轉率低的商品不能積壓太多。

(5) 新近商品的更新率

店鋪週期性的增加商品的品種，補充商場的新鮮血液，以穩定自己的固定顧客群體。商品的更新率一般應控制在 10%以下，最好在 5%左右。另外，新近商品的更新率也是考核採購人員的一項指標。需要導入的新商品應符合店鋪的商品定位，不應超出其固有的價格帶，對於價格高而無銷量的商品和價格低的無利潤的商品應適當地予以淘汰。

(6) 商品的陳列

在優化商品結構的同時，也應該優化店鋪的商品陳列。例如，出於店鋪的主力商品和高毛利商品的陳列面的考慮，適當地調整無效的商品陳列面。

(7) 其他

隨著一些特殊的節日的到來，也應對店鋪的商品進行補充和調整。例如，冬至和正月十五，就應對餃子和湯圓的商品品種的配比及陳列進行調整，以適應店鋪的銷售。

優化店鋪的商品結構，有助於提高店鋪的總體銷售額。它是一項長期的管理工作，應當隨著時間的變化而及時變動，這樣才會使自己立於不敗之地。

五、超市如何調整商品結構

　　某超市位於大學附近，其 5～10 千米的潛在商圈客層構成如下：居民佔 70%、大學的學生佔 30%。然而，根據顧客調查和店長現場觀察，在該賣場消費購物的顧客中，學生佔 60%以上，居民不足 40%。

　　這數據表明該店遇到了一個典型的商品構成問題：商品結構到底應如何傾斜？應該選擇那類客層為主流目標顧客？

　　如果商店還是選擇居民作為主流目標客層，則在市場調查的基礎上，必須對商品構成進行檢討：為什麼居民不喜歡我店的商品？

　　如果該店在檢討自己在商圈內競爭力的情況下，發現既然在爭取居民顧客方面爭不過競爭店，還不如做好自己既有客層——大學學生。則其可採取的對策有二：

　　一是重新評估賣場經營面積，因為佔商圈潛在客層 30%的高校學生可能根本支撐不了這麼一個大店，要考慮縮小賣場面積，或採取外租、聯營方式引入新的經營項目（如遊戲機、速食店等）。

　　二是重新定位商品構成，全部商品構成以學生為核心，縮小以家庭主婦為對象的商品構成，擴大學生消費品。如縮小生鮮區中的初級生鮮品（如肉類、水產、蔬菜經營面積），增大生鮮區中的現場加工品、熟食、主食廚房等即食性商品，以商品構成調整呼應目標客層調整。

第10章

商店的每日晨會、夕會管理

一、商店的晨會管理

晨會、夕會是終端店鋪以會議為工具發現問題、解決問題、提升績效的過程，是店鋪管理中的一個有效工具，因此要單獨拿出來闡述。具體來講，晨會是指利用上班前的 5～10 分鐘時間，夕會是營業結束後的 5～10 分鐘時間，將全體員工集合一起，互相問候，交流信息和安排工作的一種管理方式。

1. 晨會的問題點檢查：

· 晨會無音樂。

· 未對昨日銷售作細緻分析。

· 缺少店鋪精彩故事分享。

· 今日目標設置不夠具體，缺乏科學依據。

· 缺少培訓的導入。

· 缺少每天注意事項的說明。

時間：每天店鋪開始營業前 15 分鐘內會議流程：

① 檢查儀容儀表。

② 總結昨天銷售情況：銷售達成率、店鋪銷售冠軍業績、VIP 開卡和服務總結。

③ 總結昨日工作中的問題提示改善，並進行成功案例的分享。

④ 確定今日工作目標、服務目標。

⑤ 貨品分析：暢滯銷產品、重點主推產品公佈、補貨/退貨/調貨重點跟進事項。

⑥ 傳遞公司通告或最新資訊。

⑦ 店內人手分配。

⑧ 培訓內容分享（可側重於產品類、搭配、推銷技巧）。

⑨ 鼓勵員工士氣（主持：當班領班）。

　2. 某商場晨會全過程

① 早上好，各位同事，今天有六位同事上班，我們先點名：Bebe、Jacky、Lily、Stendy、SuQi——到齊了；檢查一下大家的儀容，制服穿好沒有？Bebe、Stendy 放了假，看上去精神不錯。

② 昨天我們的生意做了 22000 元，生意比前一天提高了，昨天的情況怎樣？Jacky 你講一下。「昨天是第二期減價的第一天又是星期天，所以客流較多……」。不錯，昨天能夠做到這個生意額，全靠每一位同事齊心合作，像 Bebe 那樣，她做倉庫管理，跑上跑下幫同事拿貨，我們給點掌聲！

③ 接下來讓我們回顧昨日銷售數據（回顧昨日的銷售數據，進行完成與否的點評，鼓勵與提示）。

④ 今日店鋪榮譽時刻，請出我們店鋪昨日銷售王分享成功的故

事。有請！（三次掌聲）

（員工分享昨日在銷售過程中的成功經驗，介紹銷售、服務、連帶銷售等方面的內容）

⑤今日我們訂的目標是多少呀？

（然後把今天的目標寫下，包括全店的和個人的。）

⑥請各位家人報告今日店鋪工作目標（可同時通知公司政策或注意事項，以及新品或銷售培訓等）。

⑦剛剛收到公司培訓部通知，以後凡是更換制服都是穿XXXX，如果要更換的（女同事）可以事先試試尺寸，通常要大一個碼。

⑧昨天由於銷售比較旺，場會比較亂，開鋪後各區位同事應快速回到自己區位，檢查價錢牌、合格證是否齊全，然後由一個人專門負責跟價錢牌、合格證，有誰自願去做呀？

⑨今日和大家復習本月測試的內容：

小常識：幾種衣物的洗滌方法

復習（口頭抽問）以上答案由每人輪流講。

⑩總結：今日我們的目標是 20000 元，大家有沒有信心？好，謝謝大家，現在開店營業！

3.店鋪晨會容易出現的問題

①晨會無音樂

②未對前一天的銷售作細緻分析

③缺少店鋪精彩故事分享

④當日目標設置不夠具體，缺乏科學依據

⑤缺少培訓的導入

⑥缺少每天注意事項的說明

4. 晨會表格

表 10-1　終端店鋪實地教練晨會整體點評表

日期：　　年　　月　　日

項目名稱：				品牌名稱：	
店鋪名稱：				執行區域：	
店鋪地址：					
晨會時間：				教練晨會點評：	
主持人：				熱身啟動、音樂、銷售回顧、產品推介、公司通	
參與晨會人數：				知、經典分享、生意回顧、目標設定、時間跟蹤、	
晨會形式：				現場教練、結束模式	
晨會流程記錄				優點	需提升的方面
時間	模塊	內容	備註		
項目名稱：				品牌名稱：	
店鋪名稱：				執行區域：	
店鋪地址：					
晨會結束時間：					
晨會要點點評：					
原因分析：					
如何導入實地教練：					
教練簽字：			時間：　　年　　月　　日		

表 10-2　員工晨會參與度評估表

日期：　　　　　　　　　　　　　　　　　評估者：

評估項目	評估標準					
發言頻率	太少		剛好		頻繁	
發言長度（是否對晨會有正面影響）	太短	剛好	太長	無影響	影響恰到好處	過度影響
論據品質與數量（論據恰當與否和是否有組織）	質與量都不好		質與量都還可以		質與量都很好	
意見表達的清楚程度（意見的陳述清楚及一致性）	令人困惑		還算可以		非常清楚	
表達能力（口齒是否清晰，音量、語速是否合適）	太弱		清楚具感染力		聲音太大	
與會態度（是否鼓勵與支持他人意見）	缺乏正面回應		回應他人態度恰當		回應態度不良	
與團隊互動狀況（合作狀況、心胸是否開闊、是否具有民主精神）	有敵意不合作		還算合作		合作意願高	
推理能力（分析是否合乎邏輯、是否能指出他人的邏輯錯誤）	思考缺乏邏輯		具有批判性的思考		批判性思考極佳	
對議事程序的配合度（整合意見的能力）	對議事缺乏貢獻		對議事有貢獻		不按議事程序來進行	
態度（是否能維護自己的意見，同時又尊重他人的意見）	態度軟弱	態度堅定	態度固執	屈服於他人的干擾	尊重他人	限制他人發言
總體評價						

二、商店的夕會管理

商店夕會的會議主持人要分析店員的工作優缺點，及時地對店員給予鼓勵並指出缺點，不斷提升店員的工作積極性，開展各種激勵遊戲。

1. 夕會流程

時間：每天營業結束後 15 分鐘內

會議流程：

①整天店鋪銷售業績的總結，分析各店員的達標狀況。

②通報當日區域銷售排名狀況。

③分析店鋪服務優點及盲點。

④做好交接班記錄。

⑤提醒店員明天的銷售目標及做好各自達成策略。

⑥本天服務中遇到的問題。

2. 夕會的會議內容

終端店鋪夕會流程——

快速總結當日店鋪運營狀況(配合輕音樂)。

主持人：夕會準時開始(「向前衝」音樂 30 秒)

主持人：夕會開始，30 秒內集合完畢！

主持人：向左向右看齊，稍息，立正，跨列！

主持人：各位家人，晚上好！(夥伴回應：好！很好！非常好！)

主持人通報店鋪日戰果並宣佈當日店鋪銷售王。

主持人通報當日區域銷售排名情況。

主持人兩句結束語

今天結果怎麼樣？我是記錄的創造者更是記錄的守護者！明天目標怎麼樣？我已作好充分準備！

主持人交接儀式

主持人：請明天店鋪值日店長 XXX 出列！

第二天主持人：明天由 XXX 擔任店鋪值日店長。各位家人是否收到？

夥伴們：收到！

第二天主持人：大家散會。

表 10-3 夕會的會議內容

讚賞點	儀容儀表、業績表現、遊戲成績、服務事例、同事建議
挑戰點	工作不足之處、服務顧客時遇到的問題及解答、突發事件、與同行對比
顧客服務跟進	服務標準內容、服務方面加強目標、分享成功服務心得
銷售技巧跟進	同事提出銷售難點、進行一些演練、分享成功銷售經驗
推廣活動情況	推廣介紹、制定店鋪目標、同事目標、活動情況(數據分析、對比)
如何完成目標	探討完成目標的具體方法、措施
遊戲	可根據店鋪生意情況或推廣活動設置月、旬、週、每天或時段的小遊戲，公佈遊戲成績，分享遊戲情況
營運	公司、商場消息、防盜
其他	商場排名、更新變動、天氣情況、關心同事、其他店鋪消息等

三、商店的開會運作

店鋪的例會，包括晨會、交接會、夕會、週會、月會，商店例會的開展，有利於店鋪的正常營業，有助於對店鋪主題狀況的把握。

1. 會議前的準備

開例會，不要打無準備之仗，要有效地組織和召開銷售例會，必須要做好會前的準備工作。

表 10-4　開會技術

會前的準備	①資料搜集（數據、相關例子等） ②事前與店員設計內容 ③確定開會時間 ④通知同事 ⑤場地安排（倉庫、賣場等） ⑥集合點名 ⑦準備工具，如白板、水筆等 ⑧覆查資料正確與否
進行時的技巧	①開會內容說明 ②引出主題或重點 ③鼓勵同事參與 ④適當時候發問 ⑤覆述提問（或意見） ⑥對同事的正面意見作出回應 ⑦對同事的負面意見或疑問作解釋 ⑧對未能解決事項作記錄後跟進 ⑨運用非言語技巧（笑容、眼神、手勢等）
總結的技巧	①重申結論 ②委任工作 ③確定完成目標的時間

2.商店例會的意見提示

表 10-5　意見提示表

掌握提示工作意見的機會	①當同事受客人讚揚時
	②當同事全心全意做好服務時
	③當同事沒有笑容或精神不振時
	④當同事銷售技巧不夠熟練時
	⑤當同事言語不禮貌時
	⑥當同事工作態度出現問題時
	⑦當同事處理顧客投訴不當時
	⑧當同事間出現意見分歧而影響賣場銷售時
運用提示工作意見的技巧	①選擇適當的時間、地點提示工作意見(下班前、在賣場以外)
	②充分準備,有實質內容和具體事例
	③給回饋的標準堅定,不會經常變動
	④抱客觀開放態度,聽取同事發表個人意見
	⑤處理讚揚性回饋時要用言語及非言語方式表現出熱切態度
	⑥處理檢討性回饋時要用言語及非言語方式表現出誠懇態度
	⑦所有意見必須是正面或鼓勵式的
	⑧讓同事重覆回饋內容,確保信息被清晰地接收
擬訂下一個目標及完成時間	①與同事針對工作進行分享,使跟進更完善
	②在擬訂的時間與同事再次跟蹤進度

3.商店例會的結構

在日常的例會中，經常會有結構不清的問題，想到什麼說什麼，導致傳達不到位，員工不知道店長要重點表達什麼。

例會的結構，其實很簡單，它依次包括以下四個部份：營業目標，服務目標，貨品目標和運作目標。但是當具體操作的過程中，經常講服務的時候講貨品，講運作的時候又開始講服務，以至於自己講話思路不清晰，員工更是一團霧水。

表 10-6　例會結構表

生意目標	回顧昨天：昨日生意完成情況、今日生意目標、售出件數、銷售額、主推款銷售、VIP、聯單、客單價、新客人數、老客人數 今日生意目標：訂立今日生意目標、新VIP數量、主推款銷售目標、聯單目標
服務目標	售前：讚美、打開話題、介紹自己、拿畫冊介紹 售中：詢問顧客姓氏 售後：送客標準
貨品目標	主推款介紹、最暢銷款、貨品搭配、斷碼或全碼情況
運作目標	班次、衛生、劃分區域、人員分工、站位、紀律、空場時間的安排、交接班安排、貨品知識考核等

4.商店例會的管理技術

例會技術是客觀評價會議主持效果的標準，要求成熟的店鋪管理者要在例會時掌握以下例會技術。

表 10-7 例會的九大技術

具體性	數據具體、目標具體、方法具體、行動具體、回顧具體
達致性	目標達致、方法達致、運作模式達致
量度性	例會的量度性包括時間的量度和內容的量度
相關性	主題、服務、貨品、技巧、班次
跟進性	觀察現場以便收集到第一手信息對於收集到的信息給予總結、評估對於總結出的經驗或是評估結果給予回饋
參與性	引導、聆聽、有效發問、給予總結和深入分析
投入感	參會人員要真誠、精神飽滿、表情自然，主持人要有感染力、有正面心態、表情自然
激勵性	利用激勵技術，鼓勵員工衝刺目標，實現業績
學習性	發揮標杆的力量，店長作為店鋪的核心，一言一行將影響導購的工作心態。你在做，導購在看，導購是以店長為榜樣學習的，你在導購身上看到的問題，也是你自身問題的縮影

5.店鋪銷售會議跟進管理表

店鋪有時會組織專門的銷售會議，銷售例會要跟進管理。

表 10-8　店鋪銷售例會跟進管理表

店鋪		會議日期		主持人	
業績回顧					
昨天銷售額		昨天附加值		昨天客單價	
昨天新開 VIP數		本週累計 銷售額		本月 完成率	
昨天讚賞點					
昨天提升點					
當天業績					
銷售目標		附加值目標		客單價目標	
個人目標					
姓名	銷售目標	姓名	銷售目標	姓名	銷售目標
重點推薦					
主推款式(款號)		庫存量	賣場位置	銷售賣點	
運作安排及注意事項					
記錄備註					

第 11 章

如何達成商店的營業總目標額

一、營業目標的設定原則

S(Specific)是指目標要具體明確,盡可能將之量化為具體數據,如年銷售額 5000 萬元、費用率 25%、存貨週轉一年 5 次等;不能量化的盡可能細化,如對文員工作態度的考核可以分為工作紀律、服從安排、服務態度、電話禮儀、員工投訴等。

M(Measurable)是指可測量的,目標必須可衡量和界定,例如用數字表示完成多少業績,提升百分之幾的營業額。

A(Attainable)是指可達成的,目標能夠得到團隊的認同和支援,同時目標具有激勵的效果,不能太高或太低,要切合實際情況,能夠引起團隊成員的踴躍參與。

R(Relevant)是指相關性,各項目標之間有關聯,相互支持,符合實際。

T(Time-based)是指有完成時間期限,各項目標要訂出明確的

完成時間，便於監控評價。

二、營業目標的分解步驟

如何從企業的大目標分解到店鋪，再分解到每個人的工作目標，有了目標分解才可能落實到每一成員並透過執行最後落地。

目標分解到部門。目標應一層一層地分解到各部門，使各部門都清楚自己的工作目標。

對策展開。對策展開就是制定實現目標的具體對策措施，對策展開是在目標分解的基礎上進行的。只有將目標展開，使各層次的目標都有實現的對策措施，並在實施中落實這些措施，才能保證目標的實現。

明確目標責任。明確目標責任，是在目標分解、協商的基礎上，根據每個部門和每個人的工作目標，明確其在實現總體目標中應該做什麼、要協調什麼關係以及要達到什麼要求等，把目標責任落實下來。

實行有效的授權。實行有效的授權目的是減少上級管理人員的負擔，提高企業的生產經營效果。授權就是要培訓下級管理人員，不斷提高他們的管理水準。

三、店鋪銷售目標的分解

目標分解就是將總體目標在縱向、橫向或時序上分解到各層次、各部門甚至具體到個人，形成目標體系的過程。目標分解是明

確目標責任的前提，是使總體目標得以實現的基礎。

在店鋪中，年度的營業指標預測完成後，後面的工作就是將指標分解到每季、每月、每日，再分解落實到每一個人。

1.銷售日指標計算

零售有時也是靠天過日子，例如，雨天、雪天、風天和普通天氣的銷售情況不一樣，節假日和工作日也大不一樣。下面的一組信息就足以說明這一點。

既然不同的天氣、不同的節日，對銷售的影響不一樣，那麼在目標分解時參數就不能一樣。這裏就涉及一個指標，即銷售日指標，下面來看每個月的銷售日指標是如何計算的。

以每月 30 天計算，每月有 8 個休息日，這些休息日銷售目標預計可達到平時的 1.5～2 倍。平均每月 5 個陰、雨、風、雪天，這些天銷售目標預計只有平時 0.5～0.8 倍的銷售，節日指標如三八、五一、六一、十一、元旦、春節等重要節假日，預計可達到平時的 2～4 倍。

①每月扣除風雪、節假日後，正常銷售日為：30－8－5＝17天

②週六、日指標為：正常銷售日指標×1.5

③雨天指標為：正常銷售日指標×0.5

④節日指標為：正常銷售日指標×2

則正常銷售日指標為：當月總指標÷（8 天×2 倍＋5 天×0.5倍＋17 天）＝當月總指標÷35.5 個銷售日

以上分析只是一個通用的簡單分析，各個零售業態在使用時，應該根據各行業銷售淡旺季的特點進行修改。例如：銷售學生用品

的店鋪在暑期、開學前、寒假春節期間銷售最旺；服飾用品在換季時、常規假日最旺；冷氣機、冰箱等電器在入暑前最旺等等。

2.銷售額比率分析

根據表 11-1 的數據，繪製時間(月)與銷售額的曲線圖，如圖 11-1 所示。

表 11-1　2009 年某藥品銷售記錄

月份	1 月	2 月	3 月	4 月	5 月	6 月	7 月	8 月	9 月	10 月	11 月	12 月
銷售額	5000	2300	1800	1600	1580	4500	5800	6800	3000	3200	2200	2000

透過表 11-1 與圖 11-1 可以清晰地看出此產品在 1 月、6 月、7 月、8 月銷售額比率增長較好，其他月份則相對均衡。由此表中曲線的變化情況可對月份之間的銷售有個基本的瞭解。

圖 11-1　2009 年某藥品銷售額示意圖

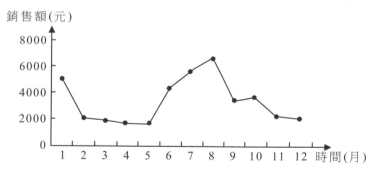

3.季節銷售指數法目標分解

季節銷售指數法是根據時間序列中的數據資料所呈現的季節變動規律，對目標未來狀況做出預測的方法。這種方法可以根據上一年的銷售業績數據，對今年總的行銷目標進行有效的分解。這種

方法適合受季節影響較大的店鋪，一般運用季節銷售指數法進行預測時，時間序列的時間單位採用月。在進行數據計算式時，至少應該有 3 年以上的銷售數據作為基礎，透過求得歷年每月實際業績平均值和歷年同期累計業績平均值的方法，計算季節銷售指數的數值。因為 2 年的銷售數據沒有規律性可參考，假如 2 年的數據波動較大的話，就無法採用此方法進行年度目標的預測。公式如下：

季節銷售指數＝每月實際平均業績÷同期累計業績×100%

例如，某數碼產品店鋪 2010 年的營業目標已確認為 500 萬，根據 2007～2009 年的銷售數據，分解 2010 年的月營業目標。

第一步：計算每月平均數值。例如 1 月平均數值為：（26＋18＋22）÷3＝22

第二步：計算年平均值。例如：1375÷3≈458.3

第三步：計算季節銷售指數。

季節銷售指數＝每月實際平均業績÷同期累計業績×100%

例如，1 月季節銷售指數為：22÷458.3≈4.8%

第四步：根據 2010 年年度目標計算每個月的業績額。

例如：2010 年 1 月業績額為：500×4.8%＝24

多店鋪月營業目標分解表同單店的營業目標分解是一樣的道理。

透過每月平均理論值診斷淡季與旺季。每月理論平均值為 458.3÷12≈38.19，即理論上每月需要銷售 38.19 萬元，那麼理論季節銷售指數則為 38.19÷458.3×100%≈8.33%。透過理論季節銷售指數，可以清晰地看出，那些月份是銷售旺季，那些是銷售淡季。重點在銷售淡季的月份，採用行銷策略，提升整體店鋪營業額。

例如，2009 年 1～6 月的營業實績如表 11-2 所示。2010 年 1
～6 月目標為 1000 萬，那麼，2010 年 1～6 月各月的銷售目標分
別是多少？

表 11-2　2008 年 1～6 月的營業實績表

	1月	2月	3月	4月	5月	6月	合計/萬元
2009 年	90	120	150	90	60	90	600
季節銷售指數	15%	20%	25%	15%	10%	15%	
2010 年	150	200	250	150	100	150	1000

備註：括弧內的數值為計算後得到的數值。

第一步：計算季節銷售指數。例如：2009 年 1 月的季節銷售
指數為 90 萬÷600 萬＝15%。

第二步：根據季節銷售指數及 2010 年 1～6 月的總營業目標，
計算 1～6 月每個月的營業目標。

例如：2010 年 1 月營業目標＝1000 萬×15%＝150 萬。

再如，每日銷售指標計算某服裝零售店，透過計算得出 2010
年 3 月份的銷售指標為 32 萬，根據銷售指標制定每日的銷售指標。

第一步：分析。3 月為 31 天，其中有一天是「三八婦女節」；
有 8 天週末時間，預計有 5 天惡劣天氣。

第二步：計算 3 月份銷售日指標。

3 月銷售日指標＝（31－1－8－5）＋1×2＋8×1.5＋5×0.5
＝33.5 個銷售日

第三步：計算每個銷售日的銷售指標。

每日銷售指標＝月銷售指標÷33.5 個銷售日＝32 萬÷33.5＝

0.955 萬

第四步：製作每月銷售指標圖，以便對每月目標進行監控。

四、終端店鋪目標推進

終端店鋪從目標到計劃的實施可以透過表 11-3 的設定來體現。

表 11-3　店鋪目標考慮因素

店鋪的目標是：		
將目標變成一個有效率的計劃，你需要： 5W1H，使計劃清晰 列出完成計劃的「瓶頸」，列出解決方法，並就解決方法進行事先確認		
瓶頸(制約因素)	解決辦法	確認結果
有無彈性		
列出優先順序了嗎？		
向有關人員表達工作標準和期望了嗎？		
事先同合作者充分溝通了嗎？		

五、目標跟進

目標跟進分為目標跟進和業績跟進兩種。

對確立的目標作跟進記錄，並回饋給員工；不斷把員工的即時業績回饋給員工本人，以促進良好的銷售氣氛，及時解決銷售過程中的問題。

業績跟進的步驟如下：

①收集資料。收集員工在工作過程中的現象資料。

②觀察。在一邊觀察項目的實施情況，並針對操作進行記錄。

③資料整合。整合文本及觀察相關項目實施的資料，找出執行過程中的優點及不足之處，想好教練方式，思考如何與員工進行溝通。

④回饋。將結果回饋給實施者，並針對個人實施教練。例如：

· A 現在已經完成了 5000 元的業績。

· B 完成了 500 元的業績，還需要加油。

· C 已經達成了 2000 元的業績，會員卡銷售了 2 張，還差 1 張。

· 對主推款 A、B、c 都做了推動，共售出 4 件。

· 主推款 A、B 都作了推動，但是還沒有售出，主推沒有成功的原因是什麼？要思考一下。

六、對店鋪的營業目標進行管理

銷售目標管理就是透過設定合理的銷售目標，對其進行合理的分解，透過合適的手段予以實施和監控，並關注最終結果和評估的一種管理過程。

店鋪銷售目標可分為很多種。從時間上分包括年度、月銷售目標；從類別上來分具體分為銷售額目標、銷售費用率目標、銷售利潤目標和其他的一些指標。其中銷售額目標指公司向各個區域市場下達的銷售額任務，以出貨額或量計算；銷售費用率目標是指公司規定每個區域的產品或總體市場拓展費用佔該區域同期銷售額的比重，具體包括條碼費、助銷物、廣宣品、贈品、促銷品等及其他零散的小額市場拓展費用。

1. 分解銷售目標

①在規定的時間內分解。例如：某企業規定每月 5 日 17：30 前，行銷總經理、區域經理必須將下月銷售目標和費用目標分解到下屬的區域經理、業務主管、業務人員及經銷商處，行銷總經理及區域經理對所轄區域的費用率進行統籌分配。

②逐級分解。例如：某零售公司要求每月 9 日 17：30 前，將下屬填好的下月任務分解表或目標責任書、月網路拓展計劃、月宣傳促銷品申請表、區域月費用計劃表、區域促銷實施方案進行認真審核，並上報銷售管理部。

③分解五要點。分解目標要高於下達的目標；保證分解目標既有挑戰性，又有可執行性；便於控制管理；分解到每一天；目標要

進行日點檢。

2.簽訂銷售目標責任書

規定的時間。例如：某零售企業每年 12 月 31 日前，銷售管理部確定各區域的年度、季銷售目標和費用率，由行銷總經理、總經理審批，並由銷售管理部以公司文件的形式直接下達給各省部和直屬區域。

具體確認銷售目標。例如：某零售企業每季第三個月 5 日前，由省部和直屬區域經理向銷售管理部上報下季銷售目標確認書和分解表，經銷售管理部評審、溝通與調整，由行銷總經理審核，總經理審批。

目標責任書簽署。例如：某零售企業每季第三個月末，由區域經理簽署季銷售目標責任書，並經銷售管理部經理確認，由行銷總經理簽字生效。

3.審核銷售目標

限定目標分解表等報表時間。例如：某零售企業要求區域經理的各類報表必須在規定的時間內上報，每超時一天扣罰工資 200元，由銷售管理部做出書面處理決定，由財務部從其下月工資中直接扣罰。

按照標準上報報表。例如：某零售企業要求報表必須符合公司規定的統一電子文檔格式，不符合格式的報表視為無效，並要求重新上報，如因不符格式重新填寫而導致超時上報，仍然按照標準扣罰責任人工資。

審批時限。例如：某零售企業要求銷售管理部於每月 11 日 17：30 前，完成對各區域上報的下月目標分解計劃、費用分解計劃及其

他報表的匯總，經銷售管理部經理審核，並由行銷總經理於每月 14 日 17：30 前，完成審批。

銷售目標內部要求。例如，某零售企業要求銷售管理部於每月 15 日 17：30 前，必須將審批後的下月區域月費用計劃表回傳至各區域，同時將各區域的下月任務分解表送財務部，作為核算各區域績效獎金的依據。

4.實際評估銷售目標

銷售目標進度上報。例如：某零售企業要求各區域經理必須於每週一 17：30 前，填寫本區域的上週銷售週報，並上報至銷售管理部。

銷售目標總結報告。例如：某零售企業要求各區域經理必須於每月 7 日 17：30 前，填寫本區域上月的銷售月總結報告、區域月費用實際執行情況報告和本月新增零售終端報告，並上報至銷售管理部。

達成率統計。例如：某零售企業要求財務部於每月 5 日 17：30 前，完成對各區域上月的銷售額目標完成率和累計銷售費用率數據的匯總統計。

財務檢核。例如：某零售企業要求財務部於次月 6 日 17：30 前，確認上月銷售額目標完成率未達標和累計銷售費用額度超標的區域名單，標明其目標完成率和銷售費用率，並傳至銷售管理部。

銷售目標評估。例如：某零售企業銷售管理部根據財務提供的銷售數據和區域經理上報的總結報告，對區域的上月目標完成情況進行評估，如果各區域上月所轄經銷商某品項實際庫存嚴重超出規定的庫存限額，則庫存超出部份不計入區域上月的銷售額。

5.考核銷售目標

(1)達成率考核

例如，某零售企業規定：銷售目標完成率未達成 70%，第一月，扣薪 10%；連續兩個月，降薪一級；連續三個月，降薪兩級；連續四個月，降職一級；連續五個月，則予以免職。

(2)費用率考核

例如，某零售企業規定：累計銷售費用超過額度的 10%，第一個月，扣薪 10%；連續兩個月，降薪一級；連續三個月，降薪兩級；連續四個月，降薪三級；連續五個月，降職一級；如費用超標嚴重，則予以免職。

(3)銷售目標完成率超標考核

例如，某零售企業規定：如果連續兩個季累計銷售目標達成率超過 130%，則提薪一級；如果年度累計銷售目標達成率超過 130%，則提薪兩級。

(4)銷售目標未完成考核

銷售管理部根據對各區域的評估結果，於次月 8 日前對目標完成率未達成 70%或下季 8 日前對累計銷售費用額度超標的責任人，做出扣薪、降薪、降職或辭退的處理決定，並報行銷總經理批准。

(5)處理決定

管理部根據行銷部總經理的審批意見，以公司文件的形式公佈對有關責任人的處理決定，並將決定傳給被處罰責任人，並報行銷總經理批准。

七、商店銷售目標額的議定方式

　　終端店鋪制定合理的銷售目標很重要，但是目標額的制定，需要遵循一定的原則。例如，參考去年同期銷售額，根據去年生意額，加上適當增幅；考慮本年度是否有促銷及推廣，如有，則根據促銷對生意的促進平均值相應增加。

1. 天真預測法

　　用天真預測法預測店鋪營業目標，需要統計出往年店鋪的銷售數據，以這個銷售數據作為依據確定下一年度的店鋪營業目標。

　　[公式]

　　下一年同期營業目標＝當年同期業績×（當年同期業績/上年同期業績）

例一：季預算

　　某服裝店鋪在 2008 年 1～3 月份實績為 210 萬元，2009 年 1～3 月份為 230 萬元，採用天真預測法計算 2010 年 1～3 月的目標為多少？

　　[計算]

　　營業目標＝當年同期業績×（當年同期業績/上年同期業績）＝
$$230×(230/210)＝252（萬元）$$

例二：年度預算

　　某服裝零售公司 2008 年銷售業績為 5500 萬元，2009 年銷售業績為 6000 萬元，採用天真預測法計算 2010 年的目標為多少？

　　[計算]

營業目標＝當年同期業績×（當年同期業績／上年同期業績）＝

$$6000×(6000/5500)＝6545(萬元)$$

2.店鋪目標平米效率法

平米效率即坪效，是指終端賣場 1 平方米的業績效率，一般是作為評估賣場實力的一個重要標準。坪效一般指年度坪效，也有的店鋪同時採用月坪效。坪效也就是指平均每平方米的銷售金額。當然，平米效率越高，賣場的效率也就越高，同等面積條件下實現的銷售業績也就越高。平米效率法包含有每平方米投入和每平方米銷售兩個概念。

［公式］

坪效＝當年同期銷售業績÷當年店鋪面積

例一：

某服裝零售公司 A 賣場面積為 60 平方米，年度產出的銷售額為 200 萬元，B 賣場 200 平方米，年度業績產出為 500 萬元。問 A 與 B 兩個賣場的年度坪效各是多少？

［計算］

A 賣場坪效＝200÷60≈3.33（萬元）

也就是說 A 賣場每平方米一年業績貢獻為 3.33 萬元。

B 賣場坪效＝500÷200＝2.5（萬元）

也就是說 B 賣場每平方米一年業績貢獻為 2.5 萬元。

透過平米效率計算，我們就會清楚地看到：有的賣場空間雖然比較小，但是效率卻高；而有的大賣場效率反而低。因為它們的平米投入肯定不一樣，所以平米產出也就不一樣。坪效這個數字是我們判斷賣場盈利能力的重要數據。那麼，如何運用坪效來制定年度

營業目標呢？公式如下：

當年營業目標＝現有平方米數×當年同期銷售數據/當年店鋪面積

例二：

某服裝店鋪 100 平方米，2011 年同期的銷售業績為 300 萬元，2012 年店面改造擴大到 150 平方米，公司的年平均增長率為 8%，2012 年的營業目標為多少？

［計算］

該店鋪的平米效率＝300/1000＝3（萬元/平方米）

當店鋪面積增加到 150 平方米時，店鋪業績＝3×150＝450（萬元）

又因為公司年平均增長率為 8%，則新的營業目標為：450+（450×8%）＝486（萬元）

透過計算可以得出 2012 年營業目標定為 486 萬元比較合理。

例三：

某服裝店鋪 2011 年 3～8 月業績 600 萬元，同期店鋪面積 300 平方米。2012 年 3 月以後店鋪面積計劃增加到 500 平方米，2012 年 3～8 月的營業目標應為多少？

［計算］

該店鋪的平米效率＝600/300＝2（萬元/平方米）

店鋪面積增加到 500 平方米時，店鋪業績＝2×500＝1000（萬元）

2012 年 3～8 月的營業目標為 1000 萬元，這個答案有沒有問題？

這個營業目標存在兩個問題：

①鋪貨量增加多少？因為店鋪營業面積增加了 200 平方米，其店鋪的鋪貨量必然增加，這個時候需要考慮店鋪的鋪貨量。因此，1000 萬元的營業目標訂得相對低了。

②增長點是多少？店鋪營業面積的增加會使店鋪的營業業績有一定的增長，在上面的計算過程中，沒有考慮店鋪的增長點的問題，使得目標訂得偏低了。

3.季節銷售指數法

季節銷售指數法是根據時間序列中的數據資料所呈現的季節變動規律性，對預測目標未來狀況作出預測的方法。這種方法可以根據上一年的銷售業績數據，對今年總的行銷目標進行有效的分解。這種方法適合受季節影響較大的產品銷售賣場的目標預測，因為其銷售會受季節影響而出現銷售的淡季和旺季之分的季節性變動規律。掌握了季節性變動規律，就可以利用它來對季節性的商品進行市場需求量的預測。因此它以季或者月為單位，變動循環週期為 4 季或是 12 個月。

一般運用季節銷售指數法進行預測時，時間序列的時間單位採用月。在進行數據計算時，至少應該有 3 年以上的銷售數據作為基礎，透過求得歷年每月實際業績平均值和歷年同期累計業績平均值的方法，計算季節銷售指數的數值。因為兩年的銷售數據沒有規律性可比較，再加上如果兩年的數據波動較大的話，就無法採用此方法進行年度目標的預測。

〔公式〕

季節銷售指數＝每月實際平均業績÷同期累計業績×100%

例如：

某賣場 2012 年的營業目標已確認為 500 萬元，2009-2011 年 1～12 月業績如表 11-4 所示。根據 2009～2011 年的銷售數據，分解 2012 年的月營業目標。

表 11-4　某賣場 2009-2011 年 1～12 月業績表

（單位：萬元）

	1月	2月	3月	4月	5月	6月	7月	8月	9月	10月	11月	12月	合計
2009年	26	30	45	59	31	28	22	31	33	48	50	50	453
1010年	18	28	47	61	40	32	30	21	45	32	57	51	462
2011年	22	25	40	52	43	42	35	24	41	38	50	48	460
合計	66	83	132	172	114	102	87	76	119	118	157	149	1375
平均數值	22	27.7	44	57.3	38	34	29	25.3	39.7	39.3	52.3	49.7	458.3
季節銷售指數 (%)	4.8	6	9.59	9.6	8.3	8.29	7.41	5.52	8.66	8.57	11.4	10.8	100.00
2012年	24	30	47.95	48	41.5	41.45	37.05	26.25	43.3	42.85	57	54	500

[計算]

第一步：計算每月平均數值。例如，1 月平均數值為：

$(26+18+22) \div 3 = 22$（萬元）

第二步：計算年平均值。例如，$1375 \div 3 = 458.3$（萬元）

第三步：計算季節銷售指數。季節銷售指數＝每月實際平均業績÷同期累計業績×100%。例如，1 月季節銷售指數＝$22 \div 458.3$

＝4.8%

　　第四步：根據2012年年度目標計算每個月的業績額。例如2012年1月業績額＝500×4.8%＝24（萬元）

八、店鋪年度目標的計算

　　零售店在每一個運營年度開始前，要將相關年度數字確認完畢。制定營業額目標其實就是零售企業下年度希望能夠達成的銷售額。

　　銷售額是零售企業的血液，沒有了銷售額，其他的毛利額、純利潤就通通都談不上了。如果一家店鋪管理得很好，身為經營者，也不會因為這些有條不紊的管理而獲得到一分一毫的利潤。這樣經營者當然不開心，即使勉強讓自己帶著笑臉，也是萬般苦在心，所以在店面經營當中，銷售額、毛利額、純利潤之間正確的先後順序是銷售額→毛利額→純利潤，一切以銷售額為最重要的指標，先將銷售額帶動起來才能夠按部就班地往下繼續追求。

　　年度營業目標是否合理，關係到一年的計劃能否完成，因此在制定年度營業額目標時需要有合理的依據和方法。合理的指標管理是一個店鋪銷售提升的根據。

　　(1)當年年度指標設計的依據

　　設定指標可以依靠以下幾個方面：

　　①去年銷售情況；

　　②去年的貨品情況；

　　③去年的促銷情況；

④去年的營業費用(店鋪營業費用原則上是在去年營業費用的基礎上合理增加 20%～30%的幅度)。

⑵年度指標的分類

營業指標按照時間可分為以下幾種:

①年指標:店鋪一年的指標(年前一個月制定);

②半年指標:店鋪半年的指標(制定完年指標後分解到半年);

③季指標:指春夏秋冬四季的指標(制定完半年指標後分解到每個季);

④月指標:指每個月的指標(制定完四個季指標後分解到每個月);

⑤日指標:每日銷售指標(根據月指標分解到每一天);

⑥節假日指標:指五一、十一、春節(根據五一、十一、春節的實際促銷情況制定指標)。

心得欄 ----------------------------

第 *12* 章

商店賣場的巡店指導員工

一、巡店管理

巡店是為了及時發現問題、找到問題,為解決問題而早作準備。

表 12-1　巡店記錄表

巡店日期:　　　年　　月　　日　　　星期:　　　　點　　分～點　　分

檢查項目	小項	項目	結果			
			分值	得分	說明	備註
作業表單管理檢查（12分）	銷售單據	銷售金額正確,填寫清楚,無塗改	2			
	調撥單	填寫完整,櫃台有留底	2			
	銷售日報表	填寫完整無塗改,數據準確	2			
	交接班日記	有固定的交接班日記本	1			
	進銷存明細表	有清楚詳細的明細賬,數據錄入及時	3			
	交接班盤點	早晚、上午、下午都有記錄盤點數,有認真校對	2			

續表

檢查項目	小項	項目	結果			
			分值	得分	說明	備註
人員情況 （26分）	儀容儀表	著裝統一、乾淨、平整，配掛服務證，化妝精神大方	2			
	考勤	不能無故缺勤，無私自調班	10			
	紀律	無聊天、接聽私人電話和離崗現象	3			
	業績指標	當週的業績目標，以及目前的完成情況	5			
	專業知識考核	以陳列指引為準	6			
銷售技巧 （34分）	服務禮儀	站姿、手勢（指引方向、交單遞貨）	1			
		用請求性而不是命令性、否定性語氣	1			
	迎接顧客、以客為先	問候語（正視、微笑）	4			
		能把握正確接近顧客的時機	3			
	瞭解需求及推薦介紹	善於觀察，主動詢問，主動推薦	3			
		產品FABE介紹和說明、展示	2			
		能提供專業搭配意見	2			
	試衣服務	能推動試衣	2			
		能提供週到的服務	2			
	消除顧慮及促成成交	能積極有效地消除顧客顧慮	2			
		能進行替代銷售	4			
		能進行附加銷售	5			
	銷售完成後的服務	開票、包裝快速準確、規範	1			
		道別語正確、有禮貌	2			

續表

檢查項目	小項	項目	結果			
			分值	得分	說明	備註
店鋪環境 （12分）	道具的 使用規範	道具壞損有報備	1			
		燈光射向合理，道具擺放合理	2			
		POP更換及時，無壞損	2			
	清潔衛生	賣場清潔	4			
		試衣間整潔（鞋子、牆面、地面）	3			
商品狀況 （16分）	陳列出樣 規範	分區合理	2			
		道具載貨合理	2			
		間距均勻，吊牌不外露	2			
		出樣按尺寸有序排列	2			
		出樣齊全、整潔（有熨燙）	2			
		色彩搭配合理	4			
	庫存管理	倉庫乾淨整潔，貨品分類擺放	2			

二、實地考核

經過實地教練指導之後，員工究竟掌握了多少知識呢？這需要透過一系列的技術來考核評估實地教練的成果。教練體系評估有以下好處：

⑴透過評估跟蹤，可以對輔導效果進行正確合理的判斷，以便瞭解某一項目是否達到原定的目標和要求。

⑵透過評估跟蹤，確定學員知識技術能力的提高或行為表現的改變是否直接來自輔導本身。

⑶透過評估跟蹤，可以找出輔導的不足，歸納教訓，以便改進

今後的輔導。

(4)透過評估跟蹤，往往能發現新的輔導需求，從而為下一輪的輔導提供重要依據，而且透過對成功的培訓作出肯定性評價，也往往能提高受訓者對輔導活動的興趣，激發他們對輔導活動的積極性和創造性。

(5)透過評估跟蹤，可以檢查出輔導的直接效益。

(6)透過評估跟蹤，可以較客觀地評價教練的工作成績。

三、實地教練的五個階段

1. You do 階段──你做我看

受訓員工現場實際操作並相互評論，教練現場觀察終端店鋪實際運營操作流程並作點評、糾偏、演繹。

2. I do 階段──你看我做

現場教練實地開展終端工作流程、服務推動、人員管理、現場生意推動，讓受訓員工進行實地感受及體驗。

3. We do 階段──你我同做

現場教練在店鋪實地觀察學員如何進行店鋪生意分析、診斷及如何開展店鋪管理工作，過程中與學員共同分析，運用單對單教練手法進行現場教練，並針對學員的零售管理技能掌握狀況進行評估。

4. You do 第二階段──你做我看

學員獨立完成店鋪規範化管理流程及各項管理工作，現場教練將在每項工作完成後給予回饋、協助、提升。

5.遠端服務跟進階段

每週同核心受訓人員進行一次溝通，瞭解其在運用中存在的問題，並給予教練、指導、導入。

店鋪實地教練的五個階段如圖 12-1 所示。

圖 12-1　店鋪實地教練的五個階段

你做我看	找出存在的問題，有的放矢地進行教練
你看我做	加強概念的理解
你我同做	讓員工建立信心
你做我看	讓員工獨立完成
遠程跟進	加強、鞏固教練成果

四、店員管理容易出錯之處

店鋪員工管理透過個人儀容儀表、考勤、行為規範、招聘面試、晉降級管理等方面展開，其中員工的職業發展規劃、績效評估考核、人才培養體系三大部份應達到提高績效的目的。

①招聘的標準/職責(店長/店員/領班)不規範

②員工對公司的文化不瞭解

③員工的轉正、晉升、業績考核體系模糊，員工不明白自己的職業發展方向

④員工工作沒有計劃，導致運營管理比較混亂

⑤員工的培訓不系統：終端店鋪沒有新員工培訓體系，沒有考核標準，員工缺乏終端服務培訓、銷售培訓、貨品培訓、陳列體系

培訓、導致終端店鋪的運營比較隨意

五、店鋪員工診斷內容

①員工儀容儀表管理流程

②店鋪考勤管理流程

③店鋪考勤實施流程

④店鋪員工行為規範管理流程

⑤員工職業發展規劃、晉降級管理規範流程

⑥店鋪員工招聘管理流程

⑦店鋪員工面試流程

⑧店鋪員工離職管理流程

心得欄 _____

第 *13* 章

店鋪陳列的分析

一、先介紹本商店的陳列方式

· 請店長講述店鋪陳列調整的原則及依據、方法、思路、流程
  等

· 請店長講述現場陳列的格局，空間陳列調整的規劃，黃金點
  的展示區域位置，店鋪區域如何劃分，員工區域如何劃分，
  新到貨品如何陳列，如何進行陳列培訓

· 請店長講述店鋪銷售比較好的區域陳列及銷售比較差的區
  域陳列

· 店鋪目前暢銷款及滯銷款的款式是那幾款？最暢銷和滯銷
  的尺碼是什麼？最暢銷和滯銷的顏色是什麼？最暢銷和滯
  銷的類別是什麼？銷售最大的一單是多少錢？是那一個系
  列？

· 目前店鋪的配貨及備貨比例是多少？調場的頻率是多少？

依據什麼來進行調整？是否有相關陳列人員協助？是否有
相關陳列指導手冊？是否有相關的培訓指導？

‧ 認為目前店鋪陳列是否有問題？是否需要調整？

二、店鋪陳列診斷檢查具

店鋪陳列日常維護檢查項目如表 13-1 所示。

表 13-1　店鋪陳列日常維護檢查表

類別	檢核項目	情況記錄	改進建議
POP	POP配置對應於相關貨品陳列		
	POP足量且已規範使用		
	店內無殘損或過季POP		
櫥窗	櫥窗內無過多零散道具堆砌		
	同一櫥窗內不使用不同種模特		
	展示面視感均勻且各自設有焦點		
貨品展示	貨架上無過多不合理空檔		
	按系列、品種、性別、色系、尺碼依次設定整場貨品展示序列		
	出樣貨品包裝須全部拆封		
	貨架形態完好且容量完整		
	產品均已重覆對比出樣		
	疊裝鈕位、襟位對齊且邊線對齊		
	掛裝鈕、鏈、帶就位且配襯齊整		

續表

類別	檢核項目	情況記錄	改進建議
貨品展示	同型款服裝不使用不同種衣架		
	衣架朝向依據「問號原則」		
	整場貨品自外向內由淺色至深色		
	服飾展示體現色彩漸變和對比		
	獨立貨架間距不小於1.2米並無明顯盲區		
	由內場向外場貨架依次增高		
	店場光度充足且無明顯暗角		
	店場無殘損光源/燈箱，音響設備正常運作		
	照明無明顯光斑、炫目和高溫		
	折價促銷以獨立單元陳列展示且有明確標識		
	展示面內的道具、櫥窗、POP、燈箱整潔明淨		

三、店鋪陳列容易出現的問題

①門頭的色彩與形象不夠統一

②門頭燈光暗淡，內部燈光過亮或過暗，射燈燈光沒有照射在模特或者衣服上

③櫥窗背景與品牌形象不匹配

④店鋪動線設計不合理，留不住顧客

⑤模特的擺放位置不夠協調，層次感不夠強，沒有突出展示主題的系列組合效果

⑥貨場佈局淩亂，沒有按照系列、色彩、功能進行分類，收銀處的桌面比較亂，破壞品牌形象，欠缺終端店鋪運營管理規範體系，區域色彩陳列結構不合理(沒有主題，排列不規範、不合理)

- 區域風格陳列結構混亂(風格不統一)
- 陳列色彩混亂
- 正掛陳列展示的件數、款式、內外搭配不合理
- 側掛陳列展示的尺碼、件數、前後搭配、上下搭配不規範、不統一
- 櫥窗陳列及模特的陳列展示結構不合理、無主題
- 層板陳列的結構不合理(疊件不規範，沒有飾品配置)
- 流水台陳列設置結構混亂
- 飾品區域的陳列設置混亂
- 形象牆的陳列沒有突出形象系列的主題
- 層板的陳列與道具的展示目的不明確

心得欄

- -

- -

- -

- -

- -

- -

第 **14** 章

顧客服務的診斷

店鋪顧客服務診斷內容如下：

一、顧客服務診斷

1. 顧客服務診斷內容

① 店鋪日常顧客服務流程

② 店鋪 VIP 顧客服務流程

③ 店鋪團購服務流程

④ 店鋪投訴處理流程

⑤ 店鋪顧客意外處理流程

2. 顧客服務容易出現的問題

· 銷售步驟與流程不完善，話術不統一

· 服飾搭配技能欠缺，因此不能很好地服務顧客

· 服務顧客時緊跟在顧客後面

- 顧客異議處理不得當
- 沒有連帶銷售環節
- 戴著有色眼鏡服務顧客
- VIP 顧客的服務意識欠缺
- 收銀及包裝服務不規範
- 送賓服務及售後服務板塊缺失

二、貨品診斷

1.貨品板塊診斷的內容

① 店鋪訂貨流程

② 店鋪收貨流程

③ 店鋪補貨流程

④ 店鋪退貨流程

⑤ 店鋪換貨流程

⑥ 店鋪調貨流程

⑦ 店鋪盤點管理流程

⑧ 店鋪盤點實施流程

⑨ 店鋪倉庫管理流程

⑩ 店鋪緊急調撥流程

2.貨品板塊容易出現的問題

- 店面的 SKU 設置不清楚、件數不清楚
- 對貨品波段的計劃不夠清晰、沒有科學依據
- 公司沒有部門協助支持，店長自己操作調整店鋪貨品陳列

- 店鋪沒有相關產品面料知識及商品陳列資料
- 無貨品類別的銷售分析及貨品的補貨結構分析
- 庫房的貨品存放欠合理，未按編號尺碼指定位置存放

三、銷售分析診斷

1. 診斷內容

①店鋪日常運作流程　②店鋪收銀操作流程

③店鋪促銷管理流程　④店鋪目標管理流程

⑤店鋪報表管理流程和店鋪數據管理流程

⑥店鋪現金管理流程　⑦店鋪發票開具流程

⑧競爭品牌調查流程

2. 容易出現的問題

- 銷售目標不清晰，因此也缺少跟蹤系統，無法實施考核
- 缺乏對競爭對手的調查分析
- 銷售日報及週報填寫比較簡單，缺乏解讀信息，因此無法分析銷售數據的問題點、整體銷售的完成率、對比分析、客人分析的狀況、商品整體的走勢、客人的連單率、VIP 的銷售分析、競爭品的分析、庫存的狀況、賣場的銷售動向等，不能從銷售數據中分析隱藏的問題，最終導致銷售目標不清晰，貨品存在的暢銷及滯銷問題不能及時發現和解決，連帶銷售不到位

3.店鋪銷售分析診斷工具

表 14-1　店鋪銷售分析評核表

1	店鋪目標設置、分解是否合理	5	4	3	2	1
2	有關銷售管理的績效，與庫存管理的關聯是否充分	5	4	3	2	1
3	對於滯銷品的處理，是否事先擬定了銷售對策	5	4	3	2	1
4	對銷售管理、顧客管理、進貨商管理的關聯是否把握住了	5	4	3	2	1
5	有關銷售日報、週報、月報的業績數據是否齊全，是否作了整理和分析	5	4	3	2	1
6	在銷售分析上，是否針對商品銷售數量與金額來進行	5	4	3	2	1
7	做商品構成採購計劃時，是否充分活用了銷售記錄資料	5	4	3	2	1
8	在做銷售分析時，是否深入考慮了顧客的需求性	5	4	3	2	1
9	銷售管理系統的規劃，是否與責任人作了充分溝通	5	4	3	2	1
10	在商品促銷的運用上，選擇陳列道具是否適當	5	4	3	2	1
11	在商品展示效果的表現上，是否能充分考慮庫存狀況	5	4	3	2	1

四、店鋪效果診斷

店鋪效果評估如表 14-2 所示。

表 14-2　店鋪效果評核表

店鋪：　　　　　　　　　　　　　　　填表日期：

	評估項目	經教練後狀況	跟進建議
店外 環境	店外的燈箱、招牌、門口		
	門頭海報、水牌活動標識		
	櫥窗陳列展示		
	門口模特穿著		
	從外向內觀看陳列器架佈局		
店內 環境	燈光運作		
	音樂播放		
	陳列道具、模特狀況		
	吊牌上標準打簽，物價簽符合物價局標準		
	陳列貨品規範程度		
	半/全模特組合搭配、配件符合標準程度		
衛生 形象	地面衛生清潔狀況		
	試衣間衛生整潔程度		
	收銀台衛生整潔程度		
店鋪 文檔	文件分類擺放與整潔情況		
	文檔內容		

	評估項目	經教練後狀況	跟進建議
倉庫管理	衛生狀況		
	貨品數量合理性		
	倉內貨品擺放合理性		
	倉內空間合理性		
服務	儀容儀表標準程度		
	打招呼的情況		
	瞭解需求的情況		
	貨品介紹的情況		
	試穿與附加推銷的情況		
	收銀流程的情況		
	售後服務的情況		
	店鋪團隊精神表現的情況		

心得欄 --

五、店鋪導購診斷

店鋪店員導購考核，如表 14-3 所示。

表 14-3　店鋪導購員教練後考核

高級導購員：					
績效考核：按全部獎金的20%進行考核					
序號	內容	衡量方法	計算方式	掌握情況	是否需要再教練
1	完成率（即銷售計劃完成率）	當月銷售業績/當月計劃業績	當月銷售業績完成率＝當月銷售業績÷當月計劃業績×100%		
2	營業前的衛生與物品準備的及時性	營業前必須做好衛生工作，並做好營業前的各項準備工作	凡未做好衛生工作、營業前工作準備不及時均記不合格一次		
3	營業中的銷售與客戶服務的規範性	營業服務必須完全參照公司規定「服務標準」來執行	凡未按客戶服務標準來執行，導致客戶投訴或服務品質不優均記不合格一次		
4	店鋪內外環境清潔衛生的及時性	保持店鋪衛生，符合本公司關於店鋪衛生制度的規定	店鋪衛生清潔程序不符合要求均記不合格一次		
5	營業結束收尾工作的及時性	按公司規定做好營業結束收尾工作	未按規定執行就擅自下班記不合格一次		

6	顧客投訴處理與記錄的及時性和有效性	對顧客投訴必須及時登記,並及時處理,按公司(公司顧客投訴)規定嚴格執行	凡未及時、有效、合理處理導致顧客投訴升級,對公司名譽造成嚴重的後果,均記為不合格		
7	收集顧客意見回饋的及時性	及時收集顧客信息,並向主管反映	未及時反映顧客意見,導致公司無信息可依而產生錯誤決策,均記為不合格		
8	貨品整理、陳列的及時性、有效性	嚴格按公司規定的陳列方法及時陳列;保持店鋪形象整潔、有序	凡每週末及時、有效地做好店鋪形象維護,均記延遲或差錯一次		
9	相關會議的參與的及時性	根據公司店務規定,在每日準時舉行的展會中積極、及時地參與	凡未積極參與會議,均記為不合格一次		
10	交辦事宜的完成、突發事件的處理的及時性和有效性	及時完成交辦事件,對突發事件處理要及時、有效,凡無法決定事件應迅速請示直接上級或總經理	未及時完成事務,無法及時、有效地處理突發事件,或未及時請示上級均記不合格一次		
11	每天、月末或不定時盤點貨品、設備的及時性和完全性	每日定時交接盤點貨品、設備,每月總盤點一次,以確定賬實相符	未及時盤點,未提供盤點分析報告,未對貨品缺失或溢賬作彙報與解釋		

第 *15* 章

商店員工的診斷檢查

在一個企業組織中，員工可以分為四大類，即人在、人材、人才、人財。店鋪作為一個組織的存在形式也不例外，我們瞭解店鋪的人才模型的目的是找出每個類型員工的問題點，有針對性地進行店鋪人員教練。

一、人在型員工教練方式

該類員工工作意願不高，能力也不高。他們最大的特性就是「當一天和尚撞一天鐘」，一般情況下，他們不遲到、不早退、不破壞，但在沒有監督的情況下也不幹活。這類人是所有企業都不歡迎的人。遺憾的是，在任何組織中，他們佔多數。不過他們也並非一無是處，分內的工作也會完成，上司在時，他們也積極地表現自己。

可是只要失去監督，他們就會耍滑、偷懶，無所事事。人在型的員工通常都是工作很長時間的老員工或者是新員工。

(1)人在型員工特點

人在型員工特點如表 15-1 所示。

表 15-1　人在型員工的特點

員工類型	特點
工作了很長時間的老員工	① 精神面貌欠佳 ② 態度負面 ③ 沒有主動性 ④ 缺乏上進心 ⑤ 對工作的關注度低 ⑥ 學習能力下降
新員工	① 自信心欠缺 ② 工作缺乏主動 ③ 較少參與到團隊活動中 ④ 需要由他人交代及安排工作 ⑤ 對任何事都很少關心 ⑥ 安穩度日

(2)培訓方式

對於新進員工的指導需要採用有計劃的培養方式，從全盤工作內容上來講，要讓他們逐漸瞭解全盤內容，並分板塊實習；從工作難度上來講，要讓他們由易到難；從工作靈活性來講，要讓他們先從固定流程模塊工作開始，只要按照流程工作就不會出問題，再到有一定靈活性的工作，逐步提升。

圖 15-1　新員工的培訓方式

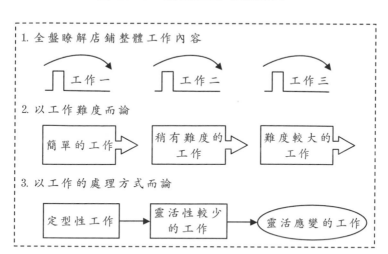

1. 全盤瞭解店鋪整體工作內容

　　工作一　　　工作二　　　工作三

2. 以工作難度而論

　　簡單的工作　→　稍有難度的工作　→　難度較大的工作

3. 以工作的處理方式而論

　　定型性工作　→　靈活性較少的工作　→　靈活應變的工作

二、人材型員工

　　該類員工意願高，能力卻不高。他們態度積極，工作認真，對公司、企業忠誠度高，珍惜目前的工作。但是，非常遺憾的是，他們能力有限，工作經常做不好，或者不能勝任工作中的變化。最終的結果可能是有苦勞，沒有功勞，也有可能是原來工作勝任，但是跟不上時代的發展而落伍，只能從事一些簡單的、輔助性的工作。他們最可貴的正是其良好的工作態度，所以如果對這些員工進行培養和訓練，他們也可能會成為企業的棟樑。所以他們好比是企業非常優良的原材料，即「人材」。

　(1)人材型員工的特點

　人材型員工的特點如表 15-2 所示。

表 15-2　人材型員工的特點

員工類型	特點
忠誠、有經驗、能力弱的員工	①表現穩定 ②有經驗 ③盡心盡力，任勞任怨 ④希望給予支持 ⑤難接受意見，安於現狀 ⑥以老賣老，無獨到見解

(2)培訓方式

此類員工非常顯著的特徵就是能力有限，因此教練此類員工肯定要花費不少時間和精力。

有新項目開展，就要說給他聽→做給他看→讓他去做→褒獎他，保障項目順利實施。

三、人才型員工

該類員工意願低，能力卻非常高。他們最大的特徵就是有才華，具有一定的專業才能或其他才能，但是因為心中存在某種不滿，也許是客觀條件促使他們無法或者不願意施展自己的才華，他們沒有或不能將才華轉化為效益和財富，所以他們只是「普通的人才」。

四、人財型員工

該類員工意願高，能力也高。他們的特點是積極主動地工作，創新性地完成崗位工作，為企業創造價值與財富，在組織中起到核心和主導作用。他們不但能為企業帶來財富，而且還能高度認同企業文化，所以在企業中備受歡迎。

由此分析可以看出來，只有「人財」才是頂尖級人才！有能力又願意與企業共進退，這樣的人才能給企業帶來真正的財富，可以為企業創造價值！

培訓方式：針對需要而培訓。

注意：對於人財型員工要不斷地給予認可並在崗位設計上給予匹配，否則人財型員工也會有往「人才」與「人在」轉變的可能。

五、問題員工的培訓方式

對於人在型員工和人才型員工都是因為存在這樣或者那樣的問題，因此在對店鋪的貢獻上總是不能達到 100%。對於此類員工的處理方式，是首先找到問題的癥結點，然後再出具藥方。幫助問題員工的三個要點如下。

(1)探究原因

①反覆尋找「為什麼」的答案

②站在下屬的立場尋求原因

③在原因的背後是否隱藏著其他的原因

④多方考慮消除原因的對策

⑵充分溝通

①注意下屬的心理，主動交談

②要讓下屬暢所欲言

③聽取下屬心聲，當一位好聽眾

④避免說教和將自己的意志強加於人

⑶反省

①儘量客觀地自我反省

②嚴格檢討

③站在下屬的立場上反省

④鼓勵下屬對自己坦率地指正

六、員工的輔導技巧

⑴對缺乏積極性員工的輔導技巧

對缺乏積極性員工的輔導如圖 15-2 所示。

⑵對抱怨型員工的輔導技巧

對抱怨型員工的輔導流程如下所示。

第一步：充分聆聽其抱怨。

第二步：尋求改善的建議：請本人提出改善的意見，並盡可能加以採納，達成改變，化不滿為動力。

第三步：安排積極的員工與其在一個班次，影響其心態。

⑶對說「做不到」員工的輔導技巧

對說「做不到」員工的輔導技巧如圖 15-3 所示。

圖 15-2 對缺乏積極型員工的輔導

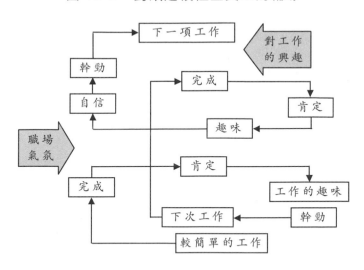

圖 15-3 輔導「做不到」型員工的技巧

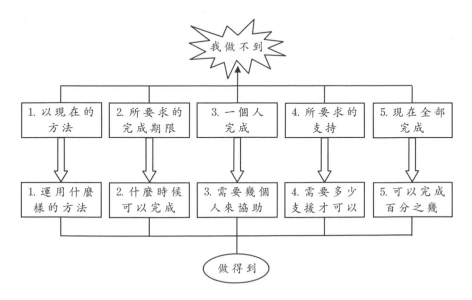

七、員工的考核檢查

　　員工不會做你要求的，但他會做你檢查的，因此合理的檢查策略是保證工作有效開展的重要手段。

　　教練合理利用工作檢查的三個工具，將能有效地開展工作。員工工作檢查的三個工具是：

　　1.每週店務銷售報告：每星期一中午要交銷售報告

①存貨件數：期初存貨－銷售件數=期末存貨。

②銷售金額對比目標。

③每天每個員工的業績，每單件數及備註。

④每種類最暢銷五款及最滯銷三款，銷售件數及存貨件數。

⑤對手情報。

⑥要跟進事項。

　　2.教練巡查：每月巡查清單

①店鋪外觀、招牌、櫥窗。

②貨品陳列是否能吸引顧客、幫助銷售。

③員工到倉庫取貨是否迅速。

④員工對產品是否熟悉，是否能配搭出售。

⑤器材運轉是否正常，如電視。

⑥檢查收銀機現金情況。

⑦適時適量地應用推廣品。

⑧試衣間是否整潔。

⑨倉庫是否整潔。

⑩洗手間是否整潔。

⑪稱讚每一位員工。

⑫把清單交給員工，雙方確認改善日期。

3.員工考核：為何要每半年安排一次面談？

①不能讓員工形成在發生問題時才聚頭的印象。

②激勵員工，建立良好合作關係。

③在不匆忙的情況下細心聆聽店長所關心的事情。

④鼓勵、稱讚的好機會。

⑤評估員工的表現。

⑥制定下半年的目標。

⑦發掘改善空間及訓練的需要。

⑧職業發展的可能性。

心得欄

第 *16* 章

商店理貨員的工作

一、理貨員的工作崗位職責

(一)理貨員的崗位職責

(1)掌握商品陳列原則和方法,正確進行商品陳列,保證商品安全;認真執行商品配製表定位陳列規範,做好商品的貨架陳列、落地陳列及冷櫃的陳列。

(2)熟悉自己責任區商品的名稱、規格、用途、產地、保質期限、消費使用方法;根據理貨要求,每天及時做好責任區的商品、貨物整理工作。

(3)密切注視商品銷售動態,及時補充商品,記錄所經營商品的缺貨情況,及時制定補貨計劃;及時提出訂貨建議,保證商品種類、數量豐滿,避免商品的脫節、滯銷積壓。

(4)遵守超市倉庫管理和商品發貨的有關規定,領貨時應該認真清點,防止短缺、遺漏,查看商品有效期,防止過期商品上架銷售,

並及時對收貨商品進行標價。

　　⑸正確掌握商品標價知識，標好各類商品價格。

　　⑹做好貨架與通道責任區的衛生，定期對商品和貨架進行清潔。

　　⑺對顧客的合理化建議要及時記錄，並向商店店長彙報。

　　⑻服從商店管理人員關於輪班、工作調動及其他工作的安排；協助做好商場安全保衛工作，隨時注意設備運行狀態，若有異常，立即通知當班經理。

二、理貨作業規範和要領

(一)理貨的工作流程

　　理貨員每天的作業內容可分為營業前、營業中、營業後三個階段，見表 16-1。

表 16-1　理貨作業內容

作業時間	作業內容
營業前	打掃責任區域內的衛生；檢查工具；查閱交接班記錄
營業中	巡視責任區域內的貨架，瞭解銷售動態；根據銷售動態及時做好領貨、標價、補貨、上架、貨架整理、保潔等工作；方便顧客購貨，回答顧客詢問，接受友善的批評和建議等；協助其他部門做好銷售服務工作，如協助收銀、排除設備使用故障；注意賣場內顧客的行為，用溫和的方式提防或中止顧客的不良行為，以確保賣場內的良好氣氛和商品的安全
營業後	打掃區內衛生；整理工具；整理商品單據，填寫交接班記錄

理貨作業時的主要工作流程見圖 16-1。

圖 16-1　理貨作業流程

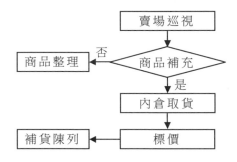

(二)理貨的作業要領

(1)商品是否有灰塵；

(2)貨架隔板、隔物板貼有膠帶的地方是否弄髒；

(3)標籤是否貼在規定位置；

(4)標籤及價格卡售價是否一致；

(5)POP 廣告是否破損；

(6)商品最上層是否太高；

(7)展櫃之間是否間距適中；

(8)商品陳列是否做到先進先出；

(9)商品是否做好前進陳列；

(10)商品是否接近報警器；

(11)商品是否有破損、異味等不適合銷售的狀態存在。

（三）領貨的作業要領

(1)理貨員領貨必須憑領貨單；

(2)理貨員要在領貨單上寫明商品的大類、品種、貨名、數量及單價；

(3)理貨員對倉管理員所發出的商品，必須按領貨單上的事項逐一核對驗收，以免商品串號和提錯貨物。

（四）標價作業要領

(1)標價作業應注意事項

①打價前要核對，同樣的商品上不可有兩種價格；

②標價作業最好不要在賣場進行，以免影響顧客的購物；

③價格標籤紙要妥善保管，以防止少數顧客以低價格標籤貼在高價格商品上。

⑵變價作業要領

變價時的標價作業如下：

①商品價格調高，則要將原價格標籤紙去掉，重新打價；

②如價格調低，可將新的標價打在原標價上。

（五） 商品陳列作業要領

⑴根據商品陳列配置表，做好商品陳列的定位化；

⑵商品陳列位置要準確、整齊；

⑶商品陳列要符合先進先出要求；

⑷商品陳列一般要遵循從左到右、從上到下順序；

⑸商品價格標籤位置要正確做到，新的標價打在原標價上。

（六） 補貨作業要領

⑴先檢查核對欲補貨陳列架前的價目卡是否和要補上去的商品售價一致。

⑵補貨時先將原有的商品取下，然後打掃陳列架（這是徹底清潔貨架裏面的最好時機），將補充的新貨放在裏面，最後將原有的商品放在前面，做到商品陳列先進先出。

⑶對冷凍食品和生鮮食品的補充要注意時段投放量的控制。一般補充的時段控制量是在早晨營業前將所有品種全部補充到位，但數量控制在預定銷售額的 40%，中午再補充 30%，下午營業高峰到來之前再補充 30%。

⑷其他事項

①商品缺貨和非營業高峰期、營業結束後必須進行補貨；

②補貨商品次序：促銷品項→主力商品→一般商品；

③嚴格按照連鎖企業總部所規定的補貨步驟進行補貨；

④補貨以補滿貨架及端架、促銷區為原則，注意整理商品排面，以呈現商品的豐滿；

⑤根據商品陳列配置表，做好補貨商品陳列的定位化。

⑸補貨時的特殊情況處置

①庫存不足。當商品庫存不足、無法補滿陳列位置時，採取縱向向前排列的方法，使商品看起來相對充實。但不允許將商品置於庫存區不進行補貨而採取向前拉排面的方法進行補貨。

②缺貨。正常銷售的商品由於缺貨而導致空位，應放置缺貨標籤，同時維持其原有的排面。但不允許隨意挪動價簽位置或拉大相鄰商品的排面以遮蓋缺貨。

心得欄

第 17 章

精彩案例參考

案例 1　餐飲業的店長管理手冊

　　某餐飲企業的店長管理手冊，可提供讀者瞭解店長對商店的管理作業方式。

第一章　概述

一、崗位職責

崗位名稱：店長。

行政上級：總經理。

業務督導：總部督導。

直接下級：助理、出納、採購、庫管。

崗位描述：全面負責店鋪的經營及管理工作。

二、工作內容

⑴按照總部統一管理要求組織本店的經營管理工作。

⑵執行總部的工作指示及其制定的各項規章制度，擬訂本店的

工作計劃及工作總結。

(3)代表本店向總部做工作彙報，接受總部的業務質詢、業務考評、工作檢查及監督。

(4)營業高峰期的巡視，檢查服務品質、出品品質，並及時採取措施解決。

(5)嚴格實施有效的成本控制及對財務工作的監控，落實本店經營範圍內的合約的執行，控制本店的各項開支及成本消耗。

(6)對下屬員工實施業務考評與人才推薦，合理安排人事調動、任免。

(7)確保下屬員工的人身、財產安全。

(8)加強員工的職業道德教育，關心員工的生活，加強員工的業務技能培訓。

(9)協調、平衡各部門的關係，發現矛盾及時解決。

(10)督促分店出納辦理員工的各類證件。

(11)負責店鋪的週邊關係協調。

(12)分析每日經營狀況，發現問題及時採取措施。

(13)負責根據分店的經營狀況，制訂行銷計劃，報總部審批後實施及配合總部實施整體行銷。

(14)負責建立無事故、無投訴、無推諉、無派系的優秀團隊。

三、工作流程

1. 日常工作流程

(1) A 班運行方式

06：00 上班

06：00 問候早班員工

　　　　　　查看店長日誌

　　　　　　檢查昨天營業記錄

　　　　　　安排當天工作日程

06：30 檢查開市前的衛生

　　　　　　檢查原材料的預備情況

07：00 開早餐督導

10：00 收貨、驗貨

11：00 吃午飯

　　　　　　與員工溝通

　　　　　　新員工培訓

11：30 開中餐

　　　　　　餐中督導

13：30 檢查 A 班、B 班員工工作衔接

　　　　　　安排早班員工下班

14：30 與晚班助理交接工作

　　　　　　訂貨

　　　　　　下班

⑵　B 班運行方式（晚班運行方式）

14：30 上班，與早班經理交接工作

14：30 檢查庫存及備貨情況

15：00 收貨、驗貨

16：00 檢查開餐準備情況

　　　　　　安排員工工作

17：00 開晚餐

營業督導

20：00 進餐，員工溝通

21：00 準備打烊

22：00 檢查收市情況，訂貨

23：00 下班

2.週期工作任務

查看營業週報表：每週。

衛生檢查：每週。

員工培訓：每週。

工作例會：每週。

安排員工大掃除：每週。

盤存：每月。

訂貨：每月。

查看營業月報表：每月。

安排下月工作計劃：每月。

第二章　企業組織管理

組織系統主要用來說明崗位設置，以及各崗位之間的縱向隸屬關係和橫向協作關係。

一、組織結構設計的三大原則

(1)一個上級的原則。每個崗位只有一個上級。

(2)責權一致的原則，每個崗位的職責和權力相一致。

(3)既無重疊，又無空白。沒有崗位沒人，沒有人沒事幹，沒有事沒人幹。

二、垂直指揮系統設計

垂直指揮系統是權力下放和收回權力的管道，各種命令、政策、指示、文件都是透過這個管道下達的，各種意見和建議也是透過這個管道回饋上去的。

1.垂直指揮的原則

在公司，垂直指揮原則是服從原則和逐級原則，服從原則是指下級服從上級，逐級原則指的是越級檢查，逐級指揮，越級申訴，逐級報告。

2.垂直指揮形式

店長和店鋪內所有管理人員都可以採取命令、會議和公文的形式對下級進行指揮。

三、橫向聯繫系統設計

組織系統的高效運作，一方面需要縱向的垂直指揮系統透過下達命令、組織會議、下達公文等形式來實施業務；另一方面還需要橫向聯絡系統進行協調，理清運作程序，理順協作關係，減少摩擦，提高效率。

第三章　考勤與排班管理

考勤與排班管理就是對員工的工作時間合理、有效地利用。店鋪的員工薪資是根據工時來核算的，因此，排班時應注意，一方面，要合理地安排合適的人員，保證服務和產品品質，另一方面要儘量控制成本。

一、排班的程序

（略）

二、排班的技巧

⑴首先要根據理論和經驗制定出一個可變工時排班指南，即按照員工的素質能力，以及那個時段的客流量，合理安排員工數量。

⑵然後預估每個時段的客流量，確定需要的人數。

⑶注意在每個時段內保證各個崗位有合適的人選。

⑷同一崗位注意新老員工的搭配。

⑸儘量滿足員工的排班要求。

三、人手不足時的對策

⑴延時下班。

⑵調整人員，人盡其才。

⑶電話叫人上班。

⑷利用非一線人員，如出納、庫管、電工等人員，

四、人員富餘時的對策

⑴提前下班，指已經上班但工作熱情不足的員工。

⑵培訓。

⑶電話叫人遲上班或不上班。

⑷做細節衛生。

⑸促銷，發贈品、傳單等。

⑹公益活動，掃大街、擦洗公共設施。

第四章　物料管理

物料包括原材料、輔料、半成品等食品用料，還包括各種機械設備、辦公用品等所有餐廳財產。店長在物料管理中的目的是減少

浪費、保證供應等。

一、訂貨

1. 訂貨的依據

店長在訂貨時,要有全面準確地盤貨記錄,以及前期的物料使用情況。根據前期營業情況來預測營業額。

2. 訂貨原則

店長在訂貨時應當注意,適當的數量、適當的品質、適當的價格、適當的時間、適當的貨源。

3. 訂貨職能

(1)保持公司的良好形象及與供應商的良好關係。

(2)選擇和保持供貨管道。

(3)及早獲知價格變動及阻礙購買的各種變化。

(4)及時交貨。

(5)及時約見供應商並幫助完成以上內容。

(6)審查發票,重點抽查價格及其他項目與訂單不符的品種。

(7)與供應商談判以解決供貨事件。

(8)與配送中心聯繫,以保證供貨管道的暢通。

(9)比價購買。

二、進貨

1. 進貨流程

(1)核對數量。進量＝訂量。

(2)檢查品質。溫度,特別是對溫度敏感的食品;有效期;箱子的密封性;一致的大小形狀;味道;顏色;黏稠改變;新鮮度。

(3)搬運。先搬溫度敏感產品。

(4)存放。在進貨之前，店長要通知庫房預先整理好庫房。貨品存放時必須按照時間順序依次存放。

2.訂貨量的計算

下期訂貨量＝預估下期需要量－本期剩餘量＋安全存量

預估下期需要量：根據預估下期營業額和各種原輔料萬元用量來計算。

預估本期剩餘量：根據庫存報告計算出來。

安全存量：就是指保留的合理庫存量，以備臨時的營業變化的需要。

3.訂貨時間安排

原料：每日。

調料、乾貨：每月。

低值易耗：每週。

辦公用品：每月。

酒水、飲料：每月。

第五章　衛生環境管理

餐廳衛生按營業階段可分為餐前衛生、餐中衛生和收市衛生；按時間間隔可分為日常衛生、週期衛生和臨時衛生；按對象可分為環境衛生、傢俱衛生、餐具用具衛生、電器及其他設備衛生；按場所可分為室外衛生、進餐區衛生、洗手間衛生、收銀台衛生、備餐間衛生及其他區域衛生。

一、日常衛生

指每天要清潔一次以上的衛生，也指營業中隨時要做的清潔工作，如掃地、擦桌子、洗餐具等。店長要制定《崗位日常清潔項目

標準》，向員工培訓《崗位衛生工作流程》、《清潔衛生工作細則》，使員工的清潔衛生工作達到規定要求。清潔衛生工作的有關規範可參見《服務培訓手冊》日常衛生要抓好檢查關，餐廳管理人員每天都要抽查衛生工作。

二、週期衛生

也稱計劃衛生，一般指間隔兩天以上的清潔項目，由於餐廳的營業性質是不間斷營業，因此，店長要根據計劃衛生的內容制定週期衛生安排表，由專人負責安排和檢查，例如，窗簾每月 15 日清潔一次；人造花 10 日和 25 日清潔一次；地面每週五消毒一次等。週期衛生由於不是連續操作，容易忘記，所以要定好各項目的負責人，將《週期衛生工作表》張貼在工作信息欄。

三、衛生檢查

(1)建立三級檢查機制：員工自查；領班逐項檢查，可對照檢查表進行；部門負責人(助理)和店長抽查，對主要部位、易出問題的部位或強調過的部位重點檢查，抽查也可隨機進行。

(2)店長要對店面進行全面檢查，從門口停車場、迎賓區、進餐區、洗手間、備餐區、生產區等逐一巡視，對檢查出的問題要做好記錄並及時採取補救措施。

四、自助管理

餐廳的衛生工作較多，要求細緻，涉及幾乎所有前廳人員的工作，完全依靠檢查會增大管理的成本，而且仍會造成遺漏。所以要注重培養員工的責任意識和自我管理意識，如對衛生工作長期無差錯的員工給予衛生免檢榮譽等。

第六章　營業督導

一、督導的內容

1. 人員管理

根據不同的營業情況，調整人員數量。

觀察、瞭解員工的工作精神狀態，有必要作出相應調整。

檢查員工的工作技能，根據不同情況進行正式事後督導，如做記錄等。

評估員工的工作效率。

激發員工的積極性，關注有無違反公司制度的情況。

檢查工作中員工的儀容儀表。

2. 設備管理

觀察各種設備是否正常運行，如溫度、氣味、光線等。

檢查安全隱患：用電、用氣、設備等。

核實設備的維修、保養是否按計劃進行。

3. 物料管理

根據每日不同的營業狀況準備充足的營業物料。

營業中隨時關注物料的使用狀況，並作出相應的調整。

4. 服務管理

時刻關注客人反應，立即行動。

關注各崗位的工作狀況，是否按操作標準操作。

觀察各工作崗位之間、各班次之間的工作銜接。

5. 衛生管理

時刻關注重點衛生區域、衛生間、清洗間門口、洗手台區域。

檢查營業中受影響較大的部份，如地面、桌椅、餐具等。

6.出品管理

上菜速度如何？是否有台位需要催單？

客人進餐時的感受如何？

出品是否符合標準？

二、一日督導流程

1.餐前督導

即餐前檢查，主要檢查各部門的衛生工作（日常衛生和計劃衛生）、物品的準備工作、餐廳的裝飾佈置等。嚴格的檢查機制，可大大減少營業中的失誤，提高員工的責任心。

2.餐中督導

檢查衛生的保潔、服務規範、出品品質。

環境品質：餐廳的溫度、光線、背景音樂、各崗位（檔口）人員到位。

衛生品質：地面有無垃圾、水跡？備餐櫃、餐車是否整潔？洗手間是否乾淨？

服務品質：服務人員的儀容儀表、服務流程、服務規範、服務效率。

出品品質：出品是否製作標準？出品是否及時、符合標準？營業預估量是否合適？

人員協助：各崗位工作的忙閑情況、人員是否需要調動？

關鍵部位：不同的營業時間要重點關注不同的崗位。營業剛開始時，觀察客人是否及時得到了服務；營業高峰在後廚和出品口，要保證出品順利；次高峰在收銀處、洗手間。餐中督導時，店長要與助理協調好督導的區域，以保證督導工作到位。

3.收市督導

處於營業低峰，客人走的多，來的少，容易忽視客人，衛生也會出現問題，如地面水跡或因地面清掃給客人帶來不便等。

第七章　人員管理

人員管理始於人員招募，在於工作過程，止於人員離店。有效的人員管理能實現人力績效的最大化，為店鋪創造更多財富。

店長對人員管理的職責有以下幾方面。

保證店鋪人力資源能夠「人盡其才，才盡其用」。

店長負責人員招募與人員培訓。（人力資源協助）

在人員訓練的基礎上實施梯級的人員升遷制度。

在制度、實務、操作層次上留住勝任工作的員工。

一、人力資源管理

1.總部人事制度

連鎖總部的人事制度是對各加盟店人事政策所做的規定。店鋪人事管理包括：參與人員招募、實施人員訓練；執行薪資制度、福利制度、獎懲制度；合理使用與梯級升遷。

2.總部訓練制度

人員訓練是指讓自然人轉變為職業人的過程，貫穿於店鋪經營的全過程。店鋪訓練的根據是總部所擬定的訓練制度，包括新員工訓練，老員工訓練，基層管理人員、中層管理人員、高層管理人員所實施的梯級培訓規定。

3.總部升遷制度

總部升遷制度是指在梯級訓練的基礎上經過考核、試用對員工和管理組所進行的梯級升遷制度。

總部升遷制度對人員晉升依據、晉升形式、晉升形式、晉升程序、晉升待遇等都有明確規定，店長應注意梯級培訓制度與升遷制度相結合運用。

二、人員基礎管理

1. 人員招聘

人員預算表、職務說明書、崗位說明書是人員招募的依據。店長在人員招募中的責任是：確定人員招募條件；選擇人員招募途徑；制定人員招募程序、參與人員具體招募。

店長在員工的招聘和挑選過程中肩負著很重的擔子，在員工招聘的過程中，店長要做的幾項重要工作如下。

(1)店長必須確定員工的工作任務，以及員工要做好工作所必須具備的條件。這一點，店長可以參照營業手冊中所制定的各個崗位的職務說明書確定。

(2)店長要熟悉招聘和甄選員工的基本步驟。

(3)店長要對應聘的員工進行挑選。不少飯店是採用「排隊頂替」的辦法來解決人力需求的。

(4)應付緊急需求辦法。解決緊急需求的問題的一個簡單辦法是手頭經常留有預先篩選過的基本上符合條件的求職者的卡片。這就是說，當有人進來找工作但一時沒有空缺時，可讓他填寫一份求職登記表，並對他進行非正式的面試。一旦出現空缺需要人員時，店長就可以查閱這些資料。

(5)制訂長期需求計劃。

①制訂人力需求計劃的步驟。制定餐廳目標，預估未來營業額。店長必須瞭解餐廳的發展目標，制訂年度的經營計劃，才能確

定出具體的人力需求計劃和實施方案。

②對現有人員進行清理。確定了人力需求計劃之後，就需要在餐廳內部進行人員的「清理」。清理的對象可以是全體員工也可以是管理崗位的員工。這樣就可以在餐廳內部發現人才。

③預測人員的需求。透過人員需求分析，應該預測各種崗位需要的員工人數和類型。人員需求的預測需要依靠判斷、經驗和對長期預算目標及其他一些重要因素的分析。

④實施計劃。確定了人員需求的數量，就可以制訂招聘計劃，並在經營的過程中實施這些計劃。

2.人員培訓

對招募的員工按培訓體系實施具體訓練。

⑴新員工培訓

大量的離職發生在員工入職後的前幾個星期或前幾個月，這表明員工的挑選和新員工的培訓工作十分重要。

員工開始工作時，一般熱情都很高，很積極，他們希望達到餐廳的要求。因此店長完全有責任利用新員工的這種早期願望使他們在新崗位上做好工作。

如果新員工的培訓工作做得不好，會使新員工感到管理人員不關心他們，他們並沒有找到一個理想的工作場所，他們的這種感覺很快會影響最初他們對一份新工作的熱情。

迎接新員工的步驟如下。

在新員工到達前店長應該確定好他的工作位置，並通知相關部門準備員工工作服、工具等工作用具。還可以安排一名有經驗的員工（訓練員）與新員工密切配合工作，訓練員必須真心願意幫助新員

工適應新環境。

《員工手冊》中詳細介紹了餐廳的規章制度，諸如何時休息、何時發薪資等與員工息息相關的內容，在新員工學習《員工手冊》時，店長或者店長指派的訓練員應該隨時回答員工的問題。當新員工學習完了之後，店長應對《員工手冊》上的內容作一個簡單的口試，以確保學習的效果。

店長應該帶新員工熟悉工作場所，使新員工能區分各個不同的工種，碰到人要作介紹。一路上還可以向他指點員工休息室、更衣室等位置。

現在可以將新員工交給訓練員了，這名訓練員必須是即將與他在工作中密切配合的人。在第一天工作結束時，店長要看望一下新員工，並回答他提出的問題，同時對他的生活和前途表示一下關心。幾天後，可以安排一次與新員工的非正式會見，分析這幾天學習的進展情況。

(2)在崗培訓

培訓無論對新員工還是老員工都很重要。店長可以利用培訓向員工教授工作技巧，擴大他們的知識面，改變他們的工作態度。

在崗培訓的時間一般安排在上午 9：30～10：30 和 14：00～15：00。

(3)人員升遷。

(4)人員流動。

(5)人員儲備。

第八章　財務管理

財務管理直接關係到店鋪營業收入、運營成本、運營費用。店

長在財務管理工作上主要完成以下內容。

　　保證店鋪財務工作按總部及店鋪的規定進行。執行財務制度，防止違反制度的行為或事件發生。負責財務信息的處理與總部或上級保持信息溝通。發現財務問題及時制止和處理。

一、財務制度

　　財務制度是財務管理的基礎，店長應執行連鎖總部或店鋪制定的制度約定，即會計年度、會計基礎、成本計算、會計報告、會計科目、會計賬簿、會計憑證、處理準則、作業流程等。

二、成本管理

　　餐飲店的成本控制，其實也不難，只要科學合理制定相關制度並徹底執行它，再加上下面的控制策略，那就會更加得心應手。

1.標準的建立與保持

　　餐飲店運營都需建立一套運營標準，沒有了標準，員工們各行其是；有了標準，經理部門就可以對他們的工作成績或表現，作出有效的評估或衡量。一個有效率的營運單位總會有一套運營標準，而且會印製成一份手冊供員工參考。標準制定之後，經理部門所面臨的主要問題是如何執行這種標準，這就要定期檢查並觀察員工履行標準的表現，同時借助於顧客的反應來加以檢驗。

2.收支分析

　　這種分析通常是對餐飲店每一次的銷售作詳細分析，其中包括餐飲銷售品、銷售量、顧客在一天當中不同時間平均消費額，以及顧客的人數。成本則包括全部餐飲成本、每份餐飲及勞務成本。每一銷售所得均可以下述會計術語表示：毛利邊際淨利（毛利減薪資）以及淨利（毛利減去薪資後再減去所有的經常費用，諸如房租、稅

金、保險費等）。

3.菜品的定價

餐飲成本控制的一項重要目標是為菜品定價（包括每席報價）提供一種適當的標準。因此，它的重要性在於能借助於管理，獲得餐飲成本及其他主要的費用的正確估算，並進一步制定合理而精密的餐飲定價。菜品定價還必須考慮顧客的平均消費能力、其他經營者(競爭對手)的菜單價碼，以及市場上樂於接受的價碼。

4.防止浪費

為了達到運營業績的標準，成本控制與邊際利潤的預估是很重要的。而達到此一目標的主要手段在於防止任何食品材料的浪費，而導致浪費的原因一般都是過度生產超過當天的銷售需要，以及未按標準食譜運作。

5.杜絕欺詐行為的發生

監察制度必須能杜絕或防止顧客與本店店員可能存在的矇騙或欺詐行為。在顧客方面，典型而經常可能發生的欺詐行為是：用餐後會乘機偷竊而且大大方方地向店外走去，不付賬款；故意大聲宣揚他的用餐膳或酒類有一部份或者全部不符合他點的，因此不肯付賬；用偷來的支票或信用卡付款。而在本店員工方面，典型欺騙行為是超收或低收某一種菜或酒的價款，竊取店中貨品。

三、費用管理

在餐飲店成本中，除了原料成本、人力資源之外，還包括許多項目，如固定資產折舊費、設備保養維修費、排汙費、綠化費及公關費用等。這些費用中有的屬於不可控成本，有的屬於可控成本。這些費用的控制方法就是加強餐飲店的日常經營管理，建立科學規

範的制度。

1.科學的消費標準

屬於成本範圍的費用支出，有些是相對固定的，如人員薪資、折舊、開辦費攤銷等。所以，應制定統一的消耗標準。它一般是根據上年度的實物消耗額度以及透過消耗合理度的分析，確定一個增減的百分比，再以此為基礎確定本年度的消費標準。

2.嚴格的核准制度

店鋪用於購買食品飲料的資金，一般是根據業務量的儲存定額，由店長根據財務報表核定一定量的流動資金，臨時性的費用支出，也必須經店長同意，統一核准。

3.加強分析核算

每月店長組織管理人員定期分析費用開支情況，如要分析計劃與實際的對比、同期的對比、費用結構、影響因素的費用支出途徑等。

四、營業信息管理

監察制度的另一項重要作用是提供正確而適時的信息，以備製作定期的營業報告。這類信息必須充分而完整，才能作出可靠的業績分析，並可與以前的業績分析作比較，這在收入預算上是非常重要的。

1.營業日報分析

營業日報表全面反映了店鋪當日及時段的營運績效，是營運走勢控制、人員控制、費用控制的重要依據。營業日報分析包括營業額總量分析、營業額結構分析、營業額與人力配比分析、營業額與能源消耗比率分析、營業額與天氣狀況分析、營業額與其他因素分

析等內容。

2.現金報告分析

每日現金報告是店鋪每日營業額現金的永久記錄，是分析每日、每週、每月和每年營運績效的工具。店長負責檢查每日現金報告的填寫。現金報告的填寫應以收銀機開機數、收機數、錯票數為依據。

3.營業走勢分析

匯總特定時期的營業日報，運用曲線圖或表格的形式呈現，店長很容易把握每週營業走勢、每日飯市走勢。透過對店鋪營業走勢分析，店長可根據營業走勢擬訂相應的拉動和推動銷售策略，以實現營業額的穩中有升。

4.營業成本分析

將店鋪應達到的目標成本與實際成本相比較，找出差異並進行控制。差異是由實際成本不準確、店鋪安全有問題、不正確調校與運作、生產過程控制較差、不正確的生產程序、缺乏正確的職業訓練、處理產品的程序不當等原因造成。根據差異制訂出店鋪減少或消除差異的行動計劃，包括：提升營業額預估與預貨的準確性；控制食品成本和相關成本；嚴格執行生產過程控制計劃；杜絕生產過程的跑、冒、滴、漏現象。

5.營業費用分析

營業費用分析也是透過費用標準與實際消耗的比較實現的，主要是對可控費用的分析。費用成本差異主要是由內部管理不善造成的，因而可透過強化管理來改進。

案例 2　超市零售業的店長手冊

　　店長是商店運營的核心。一個優秀的店長，既是一個有效的總部的執行者，又是一個成功的商店經營者，帶領著團隊，對顧客進行滿意服務，為公司贏得相應利潤，起著重要的承上啟下的作用。

　　商店是連鎖體系中最終端的一環，也是最重要的一環，需要店長出色的經營，包括對總部連鎖和各種規範的有效執行，包括對商店各種日常瑣事的處理。店長的工作是事無巨細的，所謂「零售就是細節」，從店長的工作職責中體現得淋漓盡致。

圖 17-1　商店組織架構圖

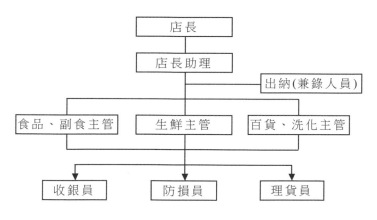

　　商店的重要工作是規範化，嚴格按照總部的要求和標準化規範培訓員工、要求員工，提升業績。正是因為每個商店對規範的有力執行，才使得連鎖的統一性和規範性成為可能，才能形成規範模式，不斷加快連鎖的步伐。

商店工作的另一面是靈活性，即根據總部的整體經營目標和規範要求，根據所在區域的實際情況，提出切合實際的經營建議和促銷活動，以符合當地消費者的消費習慣，提升營業額。店長最高的工作境界就是：這是我的商店，我一定要經營好。

祝每一個店長都成為成功的店長。

一、商店店長崗位職責

1.目的

為明確商店店長的工作程序，充分發揮商店店長的作用，加強商店管理，特制定本管理規定。

2.適用範圍

公司各商店店長適用。

3.職責

⑴完成總公司下達的商店經營指標。

⑵商店人員的管理和培訓及成本的控制。

⑶促銷計劃的確認與有效執行。

⑷提供商店的營業額和毛利，加快商品週轉次數。

⑸商店商品庫存金額及其損耗的控制。

⑹控制生鮮毛利。

⑺商品陳列標準的規範執行及提高。

⑻維持商品的續訂量，保證賣場不缺貨。

⑼商品品項的建議與調整。

⑽同業市場的調查與分析。

⑾為顧客提供良好的服務。

⑿為顧客提供舒適安全的購物環境。

⒀商店固定資產、設備的管理和維護,保護公司財產不受損失。

⒁處理好商店同政策部門和週邊社區的關係。

⒂對全店的人、財、物負責。

二、商店店長應具備的能力

1.目的

為明確商店店長應具備的能力,提高店長的綜合素質,加強商店管理,特制定本管理規定。

2.適用範圍

公司各商店店長適用。

3.相關文件

《商店店長的崗位職責》。

4.工作程序

⑴領導能力:能充分激發商店員工的積極性,領導他們取得理想的經營業績。

⑵培訓能力:按照公司的要求和崗位規範,有能力指導並培訓新老員工,完善他們的工作技能。

⑶財務能力:能有效利用電腦系統和各類報表,並能對各種經營數據進行整理和分析,以此改善商店的經營水準。

⑷判斷能力:對例外情況和突發事件能及時作出正確判斷,並有能力解決。

⑸學習能力:隨著市場及商店情況的變化,有能力補充一些新的知識和技能,以適應不斷變化的形勢的需要。

⑹經營能力:掌握超市經營的專業技術,具備超市經營的專業知識並能熟練運用,全面提升營業額的能力。

(7)計劃能力：具有很強的計劃性，善於制定目標，激勵員工努力向前。

(8)組織及實施能力：具有良好的組織能力和實施能力，從而能夠帶動全店員工實現公司制定的經營目標。

(9)顧客服務的能力：良好的顧客服務意識，主動的顧客服務行為，具備一定的顧客服務技巧，能給商店員工表率的作用。

(10)自我完善能力：不斷完善自我的知識結構和品格修養，產生上行下效的積極效果。

三、店長的目標考核

1. 目的

為明確店長目標考核的內容，加強目標考核的規範，特制定本管理規定。

2. 適用範圍

公司營運部各商店。

3. 職責

營運督導部負責對公司各商店店長的目標考核。

4. 工作程序

(1)店長的目標考核分為經營指標考核與日常管理考核兩部份。

(2)經營指標考核。

①經營指標考核主要指與經營有關的商店費用控制、銷售毛利等有關的指標，是硬性的數字指標，也是衡量商店經營狀況的重要數據。

②經營考核指標分為費用指標和收入指標。

a. 費用指標：是指總部對商店費用開支的定性指標，包括以下

幾個方面。

- 商店費用率，費用佔銷售額的比例。

- 人力成本費用率，人員薪資、福利佔銷售額的比例。

- 水、電、暖費用率，水費、電費、暖氣費佔銷售額的比例。

- 客服包裝費用率，收銀台包裝袋費用佔銷售額的比例。

- 辦公費用率，辦公用品及耗材佔銷售額的比例。

- 損耗率，商品損耗金額佔銷售額的比例。

b.收入指標：是指商店經營的各項數據要求，包括以下幾個方面。

- 日/月/年均銷售指標，商店每日、每月、一年的銷售額任務。

- 米效，商店每平方米的銷售金額。

- 毛利率，商店各商品部門的綜合平均毛利率。

- 週轉次數，商店平均庫存金額除以平均銷售金額的數據。

- 庫存天數，商店商品的平均庫存天數，平均庫存金額除以週
  轉次數所得。

- 庫存金額，商店為保證正常銷售所應當配備的存貨。

- 來客數，商店每天前來購物的人次。

- 客單價，商店每次交易所發生的平均金額。

(3)日常管理考核。

①日常管理考核主要是指對商店日常經營管理的常規工作的考核。

②日常管理考核，包括以下幾個方面。

- 商店衛生考核。

- 商店考勤考核。

- 商店設備維護考核。
- 商店訂貨作業考核。
- 商店囤貨管理考核。
- 商店收貨考核。
- 商店補貨/理貨考核。
- 商店問題商品處理考核。
- 商店變價管理考核。
- 商店自用品控制考核。
- 商店庫存更正考核。
- 商店商品退換貨考核。
- 商店商品調撥考核。
- 商店商品盤點考核。
- 商店顧客退換貨考核。
- 商店顧客投訴考核。
- 商店收銀工作考核。
- 商店顧客服務考核。
- 商店促銷活動執行考核。

(4)商店考核的實施。

①商店考核由營運督導部進行。

②經營指標的考核。

- 經營指標的考核由電腦部、財務部於每月 2 日列印出上一個月的經營狀況報表，交給營運督導部。
- 營運督導部根據電腦報表、財務報表將各商店排序，分析上月各商店經營狀況。

③日常管理考核。

· 營運督導部根據平時每週二及每月 15 日的商店巡查進行；

· 品質控制部價格、品質專員，企劃部促銷組主管及其他相關部門的同事，均需要把相應的日常管理考核表上交營運督導部。

④考核的評比與公佈。

· 營運督導部於每月 5 日評出上一月各商店對經營指標和日常管理目標的達成情況，上報營運總監、業務副總審批。

· 營運總監、業務副總審批後，於每月 10 日召開業務會議，公佈考核結果，重點表揚前三名商店。

· 業績突出的商店，公司將給予店長及商店相應獎勵。

· 各商店應重視考核的結果，不斷調整，爭取更好地控制成本，提升業績，提高公司盈利。

【附】商店經營指標參考表

以商店面積分別為 $500\mathrm{m}^2$、$1800\mathrm{m}^2$ 為基數，則商店經營指標為：

類型	標準面積/m^2	米效/元	日均銷售/元	毛利率/%	週轉次數/次	庫存天數/天	庫存金額/萬元	來客數/人次	單價/元
A	500	30	15000	13.8	14	26	40	750	20
B	1800	15	27000	13.8	10	36.5	98	1350	20

商店費用指標為：

類型	費用率	人力成本 費用率	水、電、暖費 用率	客服包裝 費用率	辦公 費用率	損耗率	其他 費用率
A	12%	3%	1.5%	0.3%	0.05%	1.2%	5.95%
B	12%	3%	1.5%	0.3%	0.05%	1.2%	5.95%

四、店長每日每週工作流程

1.目的

為明確店長每日工作範圍，提高工作效率，特制定本管理規定。

2.適用範圍

公司營運部各商店。

3.相關文件

《商店店長的崗位職責》。

4.工作程序

⑴每日工作流程：詳見附表。

⑵每週工作重點。

①銷售額檢討。

②各報表閱讀。

③現金差異簽核。

④費用簽核：一般性費用、維修費。

⑤商品庫存檢討：滯銷商品、負銷售處理。

⑥商品價格差異審核。

⑦盤點進度、盤點差異審核。

⑧報廢金額審查。

⑨顧客退貨情形分析。

⑩召開主管會議。

⑪DM 商品缺貨檢討。

⑫檢討促銷計劃執行情形及促銷效果分析。

⑬市場調查。

⑶每月工作重點。

①當月工作目標檢討。

②擬訂次月工作計劃。

③業績檢討。

④費用審核：一般性費用、基本設施費、維修費。

⑤人力預算審核。

⑥損耗檢討。

⑦員工培訓。

⑧顧客分析。

⑨來客數、客單價分析。

⑩公關。

⑪參加會議：營採溝通會、主管會議、營運店長月會。

⑫庫存天書檢討。

⑬商品組合檢討。

⑭貨架卡、POP、標示牌檢討。

店長每日工作流程

時段	地點	工作項目	工作內容
09：45～ 10：00	賣場	晨會	召開全體員工會議，總結昨日銷售及各種情況，傳達總部各類指示，安排一天工作
10：00～ 10：30	辦公室	審閱報表	審閱昨日報表 分析昨日銷售、缺貨、收貨情況
10：30～ 11：30	賣場	全場 巡視檢查	檢查商品 a. 缺貨商品確認追蹤 b. 重點商品、季節性商品保鮮度及陳列表現確認，端架、堆頭陳列的量感是否足夠 c. 價簽與商品是否一致 賣場整理 a. 賣場燈光是否合適 b. 通道是否暢通 c. 是否阻礙通道或導致阻擋商品的銷售 d. 是否有突出陳列過多的情形 e. 賣場地面是否維持清潔 f. 各崗位是否有人當班 收貨 a. 空紙箱是否拆開堆放整齊 b. 空購物筐(車)是否堆放整齊 c. 收貨驗收是否按規定進行 d. 退換貨商品是否整理整齊 e. 貨架層板、配件是否碼放整齊
11：30～ 12：30	賣場	營業高峰 態勢掌握	各部門工作表現及促銷活動開展情況 收銀台狀況及是否需要支援收銀 排面豐滿度及是否需要補貨 員工是否有聊天、怠工現象 價簽是否整齊、正確

續表

12：30～ 14：30	辦公室	處理事務	對外接待 批閱文件 各種計劃報表的撰寫 員工培訓
14：30～ 15：00		午餐	
15：00～ 17：00	賣場	全場態勢 巡視檢查	商品 a.價簽與商品陳列是否一致 b.促銷廠商是否在店內隨意陳列或移動商品 c.是否有滯銷品陳列過頭、暢銷品陳列不足 d.是否檢查商品有效期 服務 a.賣場員工是否使用禮貌用語 b.收銀員及防損員是否做好顧客服務 3.清潔 a.入口處是否衛生清潔 b.地面維持清潔 c.貨架是否清潔 設備 a.冷凍（藏）是否溫度定時檢查 b.開燈時分招牌燈是否開啟 生鮮區 a.風櫃、冷櫃商品碼放規範與否，溫度控制 b.生鮮區地面是否保持清潔無水漬 c.生鮮區商品是否保持足夠的新鮮度 d.生鮮區區域衛生 其他 a.暢銷品（特賣價）是否足夠 b.賣場標識系統是否正確

續表

17：00～ 19：00	辦公室	檢查 彙報	檢查當天總部佈置的任務落實情況 與總部溝通，彙報情況
19：00～ 19：30		晚餐	
19：30～ 22：30	賣場	營業高峰 態勢掌握	收銀機支援、零錢確保正常使用 商品齊全及豐滿度，是否需要補貨 是否有員工聊天或無所事事 價簽是否有脫落或損壞
22：30～ 23：00	賣場	全場態勢 巡視檢查	整理 a.賣場是否有破損品及孤兒商品 b.商品是否需要補貨 c.陳列架、冷凍、冷藏櫃是否清潔 d.POP書寫是否正確，粘貼位置是否合適 　操作間 a.生鮮設備是否關閉及清潔完畢 b.操作場地是否清潔完畢 　賣場閉場 a.是否仍有顧客滯留 b.燈光是否關閉 c.店門是否關閉 d.冷氣機是否關閉 e.購物車、筐是否定位 f.收銀機是否清潔完畢
23：00～ 23：05	賣場	晚會	總結當天銷售及其他情況

五、商店採購作業

1.目的

為使公司採購部採購及各商店店長、主管在商品配置、新品引進、季節性商品管理、快訊商品管理、商品陳列、促銷及滯銷商品清場時有據可依，明確權利和責任，保證商店商品的配置的合理性，促進商店銷售業績的提高，提高公司競爭力，特制定本管理規定。

2.適用範圍

公司採購部及各商店。

3.職責

⑴採購部負責建立超市商品組織結構表，引進新商品及淘汰滯銷商品，制定商品價格，完成商品部門毛利及銷售指標，進行商品促銷活動的談判和組織，DM品項的選擇與優惠條件的談判，與供應商進行退換貨商品的洽談。

⑵電腦部錄入組負責新商品資料及訂單的錄入。

⑶營運部各商店負責商品的續訂貨，直送、直供商品的收貨，商品的陳列、銷售及辦理顧客退換貨手續。

4.作業程序

⑴商品的配置。

①公司各商店應有明確的商品配置表，根據各商店陳列面等具體情況，由公司採購部負責確定公司各商店的商品配置，並建立商品配置檔案，在品項調整時及時調整。

②各商店根據商品配置有確定商品的陳列，明確每個單品的陳列位置，建立商品陳列檔案並完成商品陳列圖，在品項調整時及時

進行調整，以便對商品進行管理。

③各商店對商品配置表中的商品必須陳列、銷售及續訂貨，配置表中商品商店未陳列的，對主管處以一個品項 X 元的罰款，並限期改正。

⑵商品的錄入。

①商品的錄入工作由電腦部錄入組負責，錄入組按照商品配置表完成錄入工作，並不得對商品信息擅自改動。

②錄入組隸屬公司電腦部，按照商品管理規範進行錄入工作，採購部不得干預錄入組的工作。

③採購部對錄入組的工作有權監督，對錄入組出現的差錯有權限要求更正。

④錄入組未按要求完成工作，或在錄入工作中存在差錯的，對當事人處以 X 元的罰款，並記工作過失一次。

⑶新品的引進及滯銷品的清場。

①商店各商品大組及中小組銷售後五名（或連續 1 個月無銷售）的商品，在確認該商品無銷售前途的情況下，由商店整理後交公司採購部，由採購部負責予以清場，並引進同數量、同屬性的新品。

②採購部應有合理的新品引進及商品調整計劃，引進新品時必須清退同屬性商品中同數量的滯銷商品，確保各商店商品結構的合理性和穩定性。

③採購部應將新品到貨及滯銷品清場計劃及時通知商店，以便商店進行安排。

④各商店應對採購部新品引進工作應積極配合，大力支持：及時訂貨、及時出樣陳列促銷、及時將銷售情況回饋給採購部。

⑤商店可根據本店實際情況和顧客的回饋提交新品需求。對商店所報的新品引進需求，採購部應在一週內予以答覆，告知商店處理結果，採購部未及時答覆的，每次對相應採購主管處以 X 元罰款。

⑷缺、斷貨商品的處理。

①商店及採購部應共同努力，解決缺、斷貨現象，必須保證公司各商店的 A 類商品缺貨率小於 5%。

②商店應根據庫存銷售情況、供應商送貨情況及最小訂貨量下訂單，以保證供應商安排送貨，確保商店不缺貨。

③對於暫時缺貨的商品不允許拉排面，應設立缺貨指示牌。

④供應商不送貨造成商店缺貨的商品，商店應及時通知採購部，由採購部負責解決，採購部應在 24 小時內答覆。

⑤若商店缺貨商品是由於商店未下訂單的，由商店相應主管承擔全部責任，每一品項對主管處以 X 元罰款，店長處以 X 元罰款，並限期改正。

⑥商店已下訂單的缺貨商品，且商店已及時通知採購部，而採購部未予以及時答覆、解決的，對相應採購處以 X 元罰款，並限期改正。

⑸季節性商品的管理。

①季節性商品由採購部根據季節設定訂貨及銷售時期，對季節性商品的訂貨及銷售時期進行確定，以利商店訂貨及退貨，未設定季節性商品訂貨及銷售時期的，對相應採購主管處以一個品項 X 元的罰款，並限期改正。

②商店根據採購部設定的訂貨時期及商品銷售情況，安排季節性商品的訂貨、促銷及退貨，商店未及時訂貨、退貨的，對主管處

以一個品項 X 元的罰款，店長處以 X 元的罰款並限期改正。

③商店的季節性商品訂貨、促銷及退貨工作的問題應及時回饋採購部，採購部應在 24 小時內予以答覆，告知商店處理意見或結果，未及時答覆回饋處理意見的，對相應採購主管處以 X 元罰款。

⑹快訊商品的管理。

①快訊商品品項及銷售價格的確定，由公司採購部參考商店意見，根據市場情況、供應商配合程度、業績及毛利需要確定。

②商店在快訊上檔前，應及時檢查快訊商品到貨情況，檢查快訊商品到貨異常情況，報公司營運部並抄送採購部，以便採購部及時協調決，或採取補救措施。

③商店快訊商品缺貨的，由採購部選擇可替代商品進行替代，對相應採購處以一個品項 X 元的罰款，並限期改正。

④各商店應做好快訊商品的陳列計劃，在快訊上檔時應保證快訊商品顯著陳列及促銷宣傳力度，以保證快訊商品的銷售業績。

⑤對於限量銷售的快訊商品，採購部應在快訊開始前書面通知商店，以便商店安排限時限量銷售，避免結算時出現價格差異，商店安排限時限量銷售，避免顧客投訴，採購未預先通知的，對相應採購處以一個品項 X 元的罰款。

⑥對於暢銷的快訊商品，商店應在快訊訂貨期內加大訂貨量，適當囤貨，以提高商店的毛利率水準，增加公司毛利。

⑦對於滯銷或銷售不佳的快訊商品，商店應控制訂貨，並在快訊結束時及時辦理退貨手續，避免出現退貨差異。

⑧每期快訊結束後兩天內，商店應將快訊商品銷售情況分析報公司營運部並抄送採購部，以解決快訊商品銷售中存在的問題，商

店未及時完成的，對責任人處以 X 元罰款。

六、商店訂貨作業規範

1. 目的

為明確告知商店部門主管級以上幹部訂貨原則，確保不缺貨，特制定本管理規定。

2. 適用範圍

公司各商店主管級以上幹部訂貨時皆適用。

3. 職責

⑴各商店部門主管負責統計實際的訂貨數量，填寫《商店要貨單》，並報店長審核。

⑵各商店店長負責審核本店各商品部門主管填寫的《商店要貨單》，並報採購部採購匯總。

⑶採購部根據實際庫存情況決定是內部各商店商品調撥還是向供應商訂貨。

4. 作業程序

⑴商店商品訂貨應考慮的因素（食品的平均庫存天數為 20 天，百貨的平均庫存天數為 30 天）

①商品在排面的最基本陳列。

②商品的 DMS 值（日平均銷售量）。

③現有的庫存量。

④端架/促銷區的陳列量：是否出端架或做堆頭，計算出基本陳列量，再加上庫存天數。

⑤上 DM 或商品做促銷的商品。

⑥與促銷商品是否有相關性，如現在咖啡在做促銷，可考慮咖

啡壺等相關商品。

⑦季節性商品/流行性商品(如電風扇、跳舞毯等)。

⑧商品貨源的提供安全性(從年節因素、氣候因素、運輸條件、供應商庫存等方面來考核供應商的實力能力、合力等)。

⑨最少訂貨量:電腦中應有設計。

⑩商品的進貨折扣/搭贈。

商店在快訊商品的下單期間,或廠商進行促銷活動期間,可以得到該商品較低的促銷進價或較豐富的促銷贈品(可售、不可售),這樣以利於提高商店的毛利水準。

⑪商品的庫存空間:是否還有存放位置。

⑫商品保質期:一年保質期,留足 2/3 存留時間;半年以上保質期,留足 1/2 存留時間。

⑬電腦自動建議訂單數量是否合理。

⑭供應商的送貨行程安排。

⑮當日進貨量及人力情況安排。

⑯主管下單時,特別是快訊訂單,不要將到貨日期安排在同一天,同時到貨;分日期、分時段有續到貨,以減輕收貨區及部門庫存的壓力。

⑰大宗團購。

⑱盤點因素:各商店不得在盤點期間,大量進貨以影響盤點的準確性。

⑲競爭對手的影響。

a.應考慮該商品是否是生活必需品:油、鹽、醬、醋、米。

b.應考慮該商品競爭對手的表現,並做出反應。

‧品牌知名度。

‧日均銷售量。

‧價格。

b. 我們是否有競爭力？

‧價格。

‧供貨的數量。

‧送貨的行程的準確性。

⑵訂單的操作程序。

①商店主管將本部門商品按小分類在每週（週一至週五）列印出商品清單，營運主管每天對一個小分類的商品進行訂貨，依次循環。

②商店主管根據賣場實際情況，參考訂貨應考慮的若干因素，按照科學下訂單的方法，嚴謹、慎重地填寫空白要貨單，申請訂貨。

③商店店長審核要貨單。

④商店出納每天匯總當天要貨單，於下午四點交總部採購部。

⑤採購部根據商品的實際庫存情況決定是從其他商店調撥商品還是向供應商訂貨。

a. 如果是內部庫存尚足或其他商店庫存過剩，採購填寫《內部調撥單》，由配送中心負責商店間商品調撥的執行。

b. 如果是內部庫存不足，採購負責匯總各商店訂貨單，統一向供應商訂貨。

⑥電腦錄入員錄入訂貨單。

⑦列印訂貨單一式四聯。

a. 訂貨單第一聯送至財務留存。

b.第二聯留給商店(由商店出納第二天下午 16：00 來取)。

c.第三聯送至配送中心。

d.第四聯傳真給供應商後，自己留存。訂貨單交接必須有交接清單。

⑶合理訂貨量的計算。

①日均銷售量＝90%×前 5 週日均銷售量＋10%×前 1 天銷售量。

②訂貨頻率：兩次訂貨日期間隔的天數(通常為 7 天)。

③供應商交貨期：從主管下訂單到供應商送到物流收貨部的天數。

④最大貨架儲存量＝商品的貨架排面×商品在貨架上縱向的列數。

⑤最大安全庫存天數：保證商品不脫銷的庫存天數(特別是為了保證臨時的團購訂單及時出貨)。

⑥建議訂貨量＝(訂貨頻率＋供應商交貨期)×日均銷售量＋最大貨架儲存量×1/2－已訂數量－庫存數量。

其中，訂貨頻率＋供應商交貨期≤最大安全庫存天數；訂貨頻率＋供應商交貨期≤2/3 賬期天數(賬期 7 天以上商品)。

(賬期 7 天或 7 天以下賬期商品按 10 天考慮)

⑷促銷商品訂單。

為確保促銷商品的銷售，對促銷商品要加大訂單的力度：

正常促銷商品訂貨量＝正常訂貨量×1.5

驚爆商品訂貨量＝正常訂貨量×3

⑸科學控制庫存。

①採取庫存 ABC 管理法。

分類	品種數	銷售額	庫存天數指標天數	訂貨頻率
A類商品	10%	70%	50%	每週兩次以上
B類商品	20%	20%	100%	每週一次以上
C類商品	70%	10%	200%	每月一次

②每天瞭解庫存金額及天數，並採取對策。

③定期研究各部門銷售前 50 名商品（A 類商品）的庫存狀況，並採取對策。

④定期研究滯銷 7 天以上或庫存天數超過部門指標兩倍的商品，並採取對策。

七、商品囤貨管理規定

1.目的

為使商店經理、主管知道囤貨的基本原理，做好正確的囤貨工作，避免節假日供應商放假、商店銷售高峰期商品缺貨，造成商店業績損失，特制定本管理規定。

2.適用範圍

公司採購部、營運部。

3.作業程序

⑴囤貨原因。

①節慶原因。

a.法定假日（元旦、國慶節等），供應商放假不送貨。

b.民俗節日（端午、中秋、春節等），銷售高峰，供應商無法保證送貨時間和送貨量。

②氣候、運輸因素。

③貨源的保證。

⑵囤貨的時間：節日前 60 天開始進行。

⑶囤貨流程。

①採購部在節假日前 60 日，與供應商確認供應商放假日程及送貨行程，並將供應商節假日送貨行程通知商店。

②店根據節假日特點，確定囤貨品種。

③商店根據需囤貨商品正常銷售情況、歷史銷售情況及市場情況，對該商品節假日銷售量進行預估，各商店提前 60 天填寫《要貨計劃表》，交給採購部。

④採購根據預估銷量、商品庫存量、供應商送貨行程，核定商品囤貨量，經部門經理、財務簽字確認後，下訂單訂貨，並確認供應商能保證送貨。

⑤供貨出現異常(到貨量不足或供應商不送貨)，商店應及時通知採購、與採購溝通，由採購協調解決。

⑥對於採購無法協調解決的缺、斷貨商品，商店可選擇替代性商品進行囤貨工作。

⑷囤貨注意事項。

①囤貨量控制：囤貨量應儘量控制，避免囤貨的盲目性，造成庫存壓力和損失。

②節假日後庫存控制：檢查囤貨商品銷售情況，對囤貨商品庫存情況進行檢查，對庫存較大商品在節假日後 7 天內及時辦理退貨。

八、商店商品收貨程序

1. 目的

為規範供應商直送、直供及配送中心配送商品的收貨流程，提高收貨效率，特制定本管理規定。

2. 適用範圍

公司商店全體員工收貨時適用。

3. 名詞解釋

⑴直送商品：某些生鮮商品由供應商直接送到商店，商店根據實際送貨數量收貨的商品。

⑵直供商品：由供應商根據訂單直接送到商店，商店根據訂單來驗收的商品。

⑶配送商品：由總部配送中心統一配送的商品。

4. 職責

⑴採購部負責向供應商發送訂單。

⑵營運部各商店負責驗收各類商品，並及時上架銷售。

⑶配送中心負責配送商品的收貨，並及時向各商店配送商品。

5. 作業程序

⑴直送商品的收貨。

①採購向供應商下達永續訂單，只有商品的名稱、規格、價格而無具體的數量。

②供應商按照永續訂單上的商品要求，每日給各商店定時送貨（通常要求早上送貨）。

③商店根據永續訂單上的商品名稱、規格、價格，驗收供應商送來的商品品質，清點數量。

④商店要重點檢查直送商品的品質，把好商品的品質關。

⑤商店主管根據實際送貨商品的名稱、規格、價格與數量，填寫空白的《商店直送商品驗收單》。

⑥商店主管將手寫的《商店直送商品驗收單》交給商店錄入員，錄入員做直送商品的收貨錄入，並列印出一式四聯的《商店直送商品驗收單》。

⑦收貨人、主管及供應商在《商店直送商品驗收單》上簽字，商店主管加蓋商店收貨章，商店及供應商各留一聯，一聯交財務部，一聯交電腦部。

⑵直供商品的收貨。

①各商店根據本店實際情況，向總部採購提交《商店要貨計劃表》，採購進行匯總後，向供應商發放各商店訂單。

②供應商嚴格按照訂單上的商品名稱、規格、數量、時間送貨。

③商店按照訂單號列印與訂單一一對應的《訂單驗收單》，嚴格按照訂單上的商品名稱、規格、數量收貨，清點數量，檢查品質，同時把實收商品數量填在《訂單驗收單》上，收貨員與供應商共同簽字確認。

④關於商品品質：商店應嚴格遵守《商店收貨商品標準》進行收貨。如有任何問題，須請示店長，並與採購及時取得聯繫。

⑤收貨員將已簽字的《訂單驗收單》交給商店錄入員，錄入員在電腦中進行收貨錄入，並列印出一式四聯的《訂單驗收單》，商店收貨員與供應商分別簽字，商店主管加蓋商店收貨章，商店及供應商各留一聯，餘下兩聯由出納分別交給電腦部和財務部，以備供應商結賬時用。

(3)配送商品的收貨。

①根據各商店的《商店要貨計劃表》，配送商品由配送中心配送給各商店。

②新商品如屬配送商品，則根據採購的《商店配送商品配送單》，配送中心將商品配送給各商店。

③配送中心配送的商品，商店可清點整件數量，開箱抽查30%商品。

④商店收貨人員根據實際配送數量，填寫《商店配送商品驗收單》，商店收貨人員和配送中心送貨人員共同簽名確認。

⑤商店收貨人員將簽名確認的《商店配送商品驗收單》交商店錄入員，商店錄入員做商店配送商品收貨錄入，列印《商店配送商品驗收單》一式四聯，商店收貨人員和配送中心送貨人員共同簽名確認，商店主管加蓋商店收貨章，商店和配送中心各留一聯，餘下兩聯由出納分別交給電腦部和財務部。

(4)收貨匯總。

①每日商店錄入員將當日各類商品收貨情況匯總，填寫《商店每日收貨情況匯總表》一式三聯，一聯留底，一聯上交商店店長審核確認，一聯由出納於次日交給總部電腦部。

②電腦部錄入小組憑《商店每日收貨情況匯總表》，做收貨錄入核查，發現問題，及時解決。

③商店錄入員必須每週、每月填寫《商店每週/每月收貨情況匯總表》，一式三聯，一聯留底，一聯上交商店店長審核確認，一聯由出納於次日交給總部電腦部。

九、商品收貨標準規範

1.目的

透過明確商品收貨標準，加強商品品質管理，維護公司形象，特制定本管理規定。

2.適用範圍

公司全體員工收貨時皆適用。

3.相關文件

⑴《商店商品收貨程序》。

⑵《生鮮商品收貨和存放管理》。

4.職責

⑴商店各商品部門理貨員及主管負責商店商品的收貨。

⑵配送中心收貨人員負責配送商品的收貨。

5.作業程序

⑴一般商品收貨標準。

①外箱須完整無損。

②超市包裝單位須正確無誤，包裝牢固。

③送貨數量不得多於訂單數量，如果供應商送貨數量超出訂單範圍，商店只按訂單數量錄入，超出部份的商品，商店可根據實際情況決定是否收下。

a.商店如收下超出部份的商品，則電腦系統認為多出商品屬於負銷售，商店通知採購根據超出數量補下訂單。

b.商店如因庫存情況，不收超出部份商品，則供應商應將超出部份商品拉走。

④供應商必須在訂單規定送貨日期前三天或後三天送貨，否則

可以拒收。

⑤送貨商品描述、含量、規格等，必須與超市電腦系統中的商品描述一致。

⑥條碼：送貨商品上的條碼，必須與超市電腦系統中此商品的條碼一致。不符合，須粘貼超市店內碼，粘貼店內碼的位置必須符合超市的要求。

⑦保質期限：一年保質期商品，必須具有 2/3 有效時間，一年以上保質期，必須具有 1/2 有效時間，否則可拒收。

⑧成套商品配件必須齊全。

⑨中文標識：進口商品上必須有中文標識。

⑩防偽標識：煙、酒等特殊商品，必須粘有防偽標識。

⑪衛生檢驗合格證：食品、部份洗化用品，必須有品質檢驗合格證或衛生檢驗合格證（採購收取影本轉樓面一份日常備查）。

⑫根據商品的特點或使用要求，需要標明產品規格、等級、所含主要成分的名稱和含量。食品應標明品質、容量、淨含量、生產日期、保質期等。非食品應標明有關規格、成分、包裝方法、中文標示、失效日期、產地認證等。

⑵食品類商品不得出現以下情況。

①罐頭：凹凸罐，外殼生銹，有刮痕，有油漬等。

②醃制食品：包裝破損、有液汁流出、有腐臭味道及汁液渾濁或液汁太少、真空包裝漏氣。

③調味品：罐蓋不密封、有雜物滲入、包裝破損潮濕、有油漬。

④食用油：漏油、包裝生銹、油脂渾濁不清、有沉澱物或泡沫。

⑤飲料類：包裝不完整、有漏氣、有凝聚物或其他沉澱物和雜

物、凹凸罐。

⑥糖果餅乾：包裝破損或不完整，內含物破碎、受潮，有發黴、發軟現象。

⑦沖調飲品：包裝不完整、有破損、凹凸罐、內含物受潮成塊狀、真空包裝漏氣。

⑧米及麵食：內含物混有雜物，內含物受潮結塊狀，內含物生蟲或經蟲蛀，內含物發芽或發黴。

(3)洗化、百貨類商品不得出現以下情況。

①商品有破損、斷裂、劃傷。

②外表有油漬不淨者。

③商品有瑕疵。

(4)生鮮商品收貨標準。

見《生鮮管理規範手冊》——生鮮商品收貨標準。

(5)供應商送貨商品有如下情況之一的，可拒收：

①商品描述、含量、條碼、規格等，與訂單不相符。

②超過規定的保質期。（一年保質期，超過 2/3 存留時間的；一年以上保質期，超過 1/2 存留時間的）

③沒有按超市要求進行包裝的商品。

④外包裝破損嚴重、單品受壓變形、外表有劃痕等。

⑤品質問題，如乳製品中沉澱物、肉類發白發黑等情況。

⑥不予配合的供應商(該退貨的商品沒有退換貨的)。

⑦供應商不願卸貨，而將貨拉走者。

⑧成套商品配件不全者。

⑨直供商品無訂單。

⑩「三無」產品，無中文標識商品，拒收沒有防偽標誌。

十、商店價格管理規範

1. 目的

為明確規定公司的價格管理規範，明確定價、變價的權責和流程，維持公司各種商品銷售價格的合理性，保證商品銷售價格的競爭及毛利，特制定此規範。

2. 適用範圍

公司全體員工進行價格管理時適用。

3. 相關文件

⑴《價簽管理規範》。

⑵《商品變價管理規範》。

4. 名詞解釋

⑴商店變價：由商店提出申請的價格變更。

⑵採購變價：由採購提出申請的價格變更。

5. 職責

⑴採購部：負責制定商品的價格，提出總部變價計劃，並就商品進價優惠與供應商進行談判。

⑵商店：提出商店變價計劃，並且執行變價。

⑶電腦部：在信息系統上執行經過審批的變價，列印價簽。

6. 作業程序

⑴定價：商品的售價統一由採購部制定。

①採購部根據商品的進價、公司毛利指標、商品定位及市場調查結果，制定商品的售價。

②公司電腦系統支援一品多價，商店可根據本商店所處區域的

不同，在經過市場調查後，對總部採購部制定的售價提出本店銷售價格建議。

③採購部在核准該店所屬區域市場後，決定是否同意商店銷售價。

④嚴禁商店私自修改商品價格。

⑵變價。

①變價分為總部採購變價和商店變價兩種。

②總部採購變價包括對商品進價和售價的變更。

a.採購可根據商品進價變化、促銷活動、競爭對手、競爭品種、商店銷售、季節變化及市場情況，進行變價申請，由電腦部在系統中執行變價，並將變價情況及時通知商店。

b.部份商品即將過保質期，又無法退貨，採購有權作出變價申請。

c.樣品及大宗商品，採購有權作出變價申請。

d.採購變價程序：採購主管提出申請→採購經理核批→財務確認→電腦部進行變價→通知商店。

③商店變價只能對商店商品售價的變更提出申請。商店變價包括以下幾種情況。

a.生鮮商品變價：生鮮商品中的蔬菜、水果、鮮活水產、雞蛋等價格波動較大的商品及商店自製熟食類，經店長批准，可進行每日隨機變價；電子秤的變價，必須先由電腦部變價，再傳送至電子秤中。

b.價格錯誤、形象商品、商店促銷商品的變價：商店發現價格錯誤的商品、經市場調查認為須變價的商品及商店開展促銷活動須

變價商品，可申請變價，填寫《變價申請單》，經採購確認後，交由電腦部進行變價操作，促銷結束應馬上變回原價。

c. 進入刪除品項商品的變價：經營採購雙方討論，進入刪除品項商品，無法退貨的，經採購同意，商店可申請變價。

d. 破損、破包商品的變價：商店可根據商品破損、破包的實際情況，與採購溝通退（換）貨信息後，提出變價申請。

e. 商店申請變價流程：商店主管提出變價申請→商店店長簽字確認→採購簽字確認→財務部簽字確認→電腦部進行變價→商店執行變價→更換價簽及 POP 牌。

④變價規定。

a. 採購部應保證商店形象商品的低價。

b. 採購可以對商店的不規範變價，向營運部經理、業務副總投訴，營運部經理將於三日內將處理結果回饋採購部。

c. 採購未能及時（不超過 1 天）核准商店提出的變價申請的，商店可上報營運部經理、業務副總，採購部將於三日內將處理結果回饋商店。

⑤變價執行。

a. 電腦部每天上午提供昨天《商店（部門）變價匯總表》，各商店店長和採購必須進行確認。

b. 每次電腦變價後，電腦部將立即通知相關商店及採購，商店應在第一時間進行價簽和 POP 的更換。

(3)價格檢查。

①品質控制部價格專員負責對商店商品的價格進行檢查。

②價格專員每週及促銷活動時巡檢各個商店，發現價格問題，

立即糾正。

③價格專員檢查的內容包括以下幾個方面。

a.商店商品價簽上的價格與電腦系統上的價格是否相符？

b.商店商品的價格與週邊競爭對手的價格是否具有競爭優勢？

c.商店商品的價簽、POP 是否符合規範要求？

⑷價格糾正。

①商店店長負責對價格不符的商品價格進行整改。

②採購負責對價格異常的商品價格進行整改。

十一、商店問題商品管理規範

1.目的

為使商店所有員工在整理問題商品時都能規範操作，及時處理，減少損失，特制定本管理規範。

2.適用範圍

公司全體員工皆適用。

3.名詞解釋

⑴問題商品包括破損/破包商品及不合格商品。

①破損/破包商品指外包裝受到損壞，但商品本身無品質問題的商品，通常經過處理後可以進行再銷售。

②不合格商品指商品本身品質受到破壞，影響顧客購買，不能再次銷售的商品。

4.職責

⑴營運部各商店：發現問題商品馬上撤下貨架，並根據問題商品實際情況進行處理。

(2)採購部：與供應商進行問題商品的索賠。

(3)電腦部：執行由於問題商品降價帶來的變價和庫存更正。

5.作業程序

(1)破損/破包商品產生的原因。

①顧客拆封時造成。

②顧客破壞。

③顧客偷竊後剩餘的物品。

④員工處理商品時不慎毀損。

⑤顧客結賬時滾地而造成破壞。

⑥商品包裝不良造成。

⑦開箱時割刀劃傷。

⑧擠壓。

⑨髒。

⑩其他原因。

(2)不合格品產生的原因。

①過期或變質。

②相應機關通告的因突發事件導致的不合格產品。

③缺配件的商品。

④其他品質問題。

(3)處理原則。

①問題商品應每日整理，一旦發現，應在第一時間撤下貨架，單獨存放。避免堆積過多或任意丟棄造成困擾。

②商店將撤下貨架的商品歸類、匯總，每日填寫《商店問題商品清單》，上報店長審批。並與採購確認商品是否可退換。

③商店店長確認問題商品後,在《商店問題商品清單》上簽字,並報採購部。

④採購部應在當天與供應商聯繫,確認不合格商品的退／換貨事宜。

⑤供應商確認處理方式後,如果可以退／換貨,則供應商在三天內到商店進行退／換貨。如果屬經銷商品,又不在供應商退／換貨範圍內,則按以下處理原則處理。

⑥破損／破包商品處理原則如下。

a.破損／破包商品應盡可能再包裝銷售,不可隨意堆損。

b.破損／破包商品應陳列在規定位置,促銷(叫賣)出售。

c.破損／破包商品促銷應有選擇地進行,應選擇在週末或人流高峰時開始。

d.一個量販包裝商品破損或數量短少時,可作如下處理。

- 重新組成量販包裝:可以補充相同品質的非量販包裝的單品,進行包裝,重新包裝成一個量販包裝售賣(非量販包裝的單品需求做庫存更正)。

- 分拆成非量販包裝商品:也可以考慮與其相同品質的非量販包裝的單品,一起作為非量販包裝的單品在清倉貨號中出清。

- 兩個相同的量販包裝商品破損或數量短少時,可以將兩個量販包裝的商品集中在一起,湊成一個量販包裝,不足時,補充非量販包裝的相同品質商品,多餘時,將其放在相同品項非量販包裝貨中出售。

- 所有包裝發生變化的商品,都需要填寫《庫存更正申請單》,

經商店店長批准後，電腦部做庫存更正。

e. 破損/破包商品促銷特價銷售時，要填寫《破損/破包商品變價申請單》，報商店店長、採購、財務進行審核，方可執行。

f. 破損/破包商品只限顧客購買，內部員工不得購買。

⑦不合格商品的處理方式。

a. 如果屬經銷商品，又不在供應商退/換貨範圍內，則由商店填寫判斷商品是否可以再利用，如可以，則填寫《商店不合格商品處理表》，對不合格商品進行處理：轉為商店自用品或捐贈給社會福利單位。

b. 如果屬經銷商品，又不在供應商退/換貨範圍內，本身已不能再利用，則商店需要在防損部的配合下，進行商品銷毀處理，並填寫《商店不合格商品銷毀申請表》。

商店不合格商品的銷毀需得到商店店長、防損部人員、財務部、採購部的分別簽字確認方可執行。

銷售金額在 100 元以上的不合格品處理，須得到營運部經理的審批。

c. 不合格商品在處理完畢後，須憑《商店不合格商品處理表》、《商店不合格商品銷毀申請表》到電腦部進行庫存更改，減少庫存。

問題商品處理流程

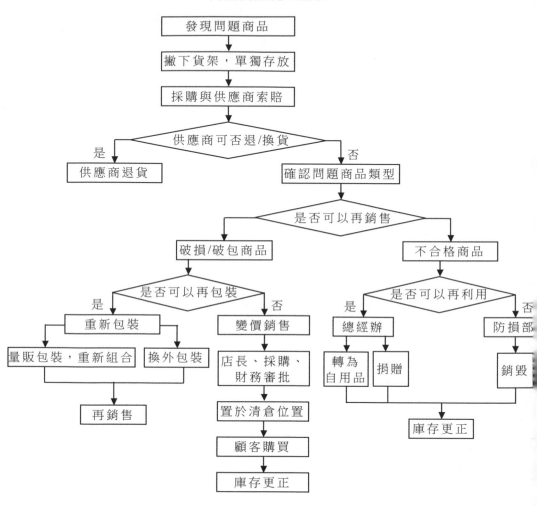

⑷匯總與統計。

①商店須每日填寫《商店問題商品清單》。

②商店須每週、每月統計一次，分別填寫《商店每週問題商品及處理情況匯總表》和《商店每月問題商品及處理情況匯總表》，

一式五聯，分別交採購部、營運部、電腦部、財務部和商店留存。

③商店店長要高度重視對問題商品的處理，及時處理，減少損耗。

十二、商店的快訊操作程序

1. 目的

為明確規定商店快訊操作的程序，以確保每期《DM 快訊》順利完成並符合公司的要求，特制定本管理規定。

2. 適用範圍

公司商店操作快訊時適用。

3. 相關文件

⑴《DM 快訊製作和發佈控制程序》。

⑵《DM 快訊》商品選項規定。

4. 名詞解釋

DM 快訊：超市專門組織的特價商品目錄，以彩色海報的形式發放給顧客，激發顧客的購買慾望，是一種有效的促銷方式。

5. 職責

⑴企劃部促銷組負責制訂《DM 快訊》年度計劃。

⑵採購部負責制訂每期《DM 快訊》商品計劃及快訊商品市場調查。

⑶採購部負責提供《DM 快訊》商品信息並對商品信息進行校對確認。

⑷企劃部美工組負責《DM 快訊》設計、製作、印刷。

⑸商店負責《DM 快訊》的郵寄及店內發放工作的協調安排。

⑹企劃部、採購部、營運部份別負責每期《DM 快訊》的相關

工作總結。

6.作業程序

⑴《DM 快訊》執行前期準備工作。

①行政部將《DM 快訊》提前 3 天發放給各商店店長、超市所在社區物業管理處及其他相關發放網路。

②採購部把《DM 快訊商品變價通知單》交電腦部,電腦部在快訊執行前一天進行系統變價。

③各商店在快訊執行前一天晚上完成快訊商品的特殊陳列和價簽更換工作。

④採購部負責再次確認快訊商品到貨情況,跟進快訊商品的補貨工作。

⑤企劃部負責快訊商品促銷陳列中標識標物的製作和懸掛,烘托賣場氣氛。

⑵《DM 快訊》的執行。

①發放單位(包括商店)提前三天發放 DM 快訊,讓顧客及時地收到快訊商品的信息。

②採購部負責每天跟進快訊商品的銷售狀況,及時補貨,確保快訊商品不斷貨。

③配送中心對快訊商品優先收貨,優先配貨。

④商店每日做好快訊商品的促銷、檢查工作,確保快訊商品的優先陳列、優先補貨和優先促銷,發現缺貨,及時與採購部溝通。

⑤營運督導部每日巡店,重點檢查快訊商品的陳列、清潔、人員促銷狀況。發現問題,及時糾正。

⑥品質控制部價格控制員每日巡店,重點檢查快訊商品的價格

及價簽執行情況，發現問題，及時糾正。

⑦品質控制部品質控制員每日巡店，重點檢查快訊商品的品質和庫存情況，發現問題，及時糾正。

⑶《DM 快訊》的後期整理工作。

①《DM 快訊》有效期結束後一週內由電腦部主管做《DM 快訊商品銷售追蹤表》總結快訊商品的銷售情況，並和前一月的銷售情況進行對比，抄送採購經理、商品總監、業務副總及營運總監。

②《DM 快訊》有效期結束後一週內各商店書面遞交《快訊總結報告》，總結快訊商品有效期內出現的問題，主要包括價格錯誤、未按時到貨等情況，由各店店長簽字，遞交營運部匯總後，報給業務副總並抄送給商品總監總及企劃部。

③《DM 快訊》有效期結束後一週內企劃部促銷主管書面總結本期快訊製作及發佈過程中存在的問題，並將報告報給企劃部經理，抄送企劃部主管副總及相關副總。

十三、商品變價管理規範

1. 目的

為明確規定公司的採購部及營運部的變價工作，明確變價的權責和流程，維持公司商品變價管理，特制定本管理規範。

2. 適用範圍

公司全體員工變更價格時皆適用。

3. 相關文件

《價簽管理規範》。

4. 名詞解釋

⑴商店變價：由商店提出申請的價格變更。

⑵採購變價：由採購提出申請的價格變更。

5.職責

⑴採購部：提出變價計劃，並就商品進價優惠與供應商進行談判。

⑵商店：提出商店變價計劃，並且執行變價。

⑶電腦部：在信息系統上執行經過審批的變價。

6.作業程序

⑴店面變價。

①生鮮商品：生鮮商品中的蔬菜、水果、鮮活水產、雞蛋等價格波動較大的商品及商店自製熟食類，經店長批准，可進行每日隨機變價；電子秤的變價，必須先由電腦部變價，再傳送至電子秤中。

②價格錯誤、形象商品、商店促銷商品：商店發現價格錯誤的商品、經市場調查認為須變價的商品及商店開展促銷活動須變價商品，可申請變價，填寫《變價申請單》，經採購確認後，交由電腦部進行變價操作，促銷結束應馬上變回原價。

③進入刪除品項商品：經營採購雙方討論，進入刪除品項商品，無法退貨的，經採購同意，商店可申請變價。

④破損、破包商品：商店可根據商品破損、破包的實際情況，與採購溝通退(換)貨信息後，提出變價申請。

⑤驚爆快訊商品：驚爆快訊商品，在銷售檔期內一律不准變價。

⑥新商品：新商品的銷售價格一律由採購確定，商店不允許進行變價動作。

⑦商店申請變價流程：商店主管提出變價申請→商店店長簽字確認→採購簽字確認→財務部簽字確認→電腦部進行變價→商店

執行變價→更換價簽及 POP 牌。

⑵採購變價。

①採購可根據商品進價變化、促銷活動、競爭對手、競爭品種、商店銷售、季節變化及市場情況，進行變價申請，由電腦部在系統中執行變價，並將變價情況及時通知商店。

②當部份商品即將過保質期，又無法退貨，採購有權作出變價申請。

③樣品及大宗商品，採購有權作出變價申請。

④採購變價程序：

採購主管提出申請→採購經理核批→財務確認→電腦部進行變價→通知商店。

⑶變價規定。

①採購部應保證商店形象商品的低價。

②採購可以對商店的不規範變價，向營運部經理、業務副總投訴，營運部經理將於三日內將處理結果回饋採購部。

③採購未能及時(不超過 1 天)核准商店提出的變價申請的，商店可上報營運部經理、業務副總，採購部將於三日內將處理結果回饋商店。

④每次電腦變價後，電腦部將立即通知相關商店及採購，商店應在第一時間進行價簽和 POP 的更換。

⑤電腦部每天上午提供昨天《商店(部門)變價匯總表》，各商店店長和採購必須進行確認。

十四、超市內部自用品作業程序

1.目的

為明確超市內部自用商品的作業程序,加強商品管理,特制定本管理規定。

2.適用範圍

公司全體員工申請內部自用物品時皆適用。

3.相關文件

(無)

4.名詞解釋

超市自用品:為降低成本,超市日常所有物品應首先到超市進行選擇,這些從銷售的商品轉為超市自用物品的商品,稱為超市自用品。

5.職責

⑴商店店長負責自用品調撥的審核。

⑵超市行政部負責每月自用品的匯總。

⑶防損部負責自用品流轉的稽核。

6.作業程序

⑴公司各部門所需購物商品,必須先在超市進行選擇。

⑵各部門任何人無權自行在賣場私拿挪用商品,違者作偷竊處理。

⑶內部轉貨時間為每週的星期二(其他時間不允許轉貨)。

⑷特殊情況,經店長同意,可以先做轉貨(如有員工突發事故,人力資源部經理前去探望,須從超市購買食品)。

⑸申請部門/人須先填寫《自用品內部轉貨申請單》,經部門經

理核准、商店店長簽字後報營運總監、行政副總批准方可執行。

⑹公司行政部庫管根據各部門《自用品內部轉貨申請單》匯
總，到超市統一辦理轉貨手續，辦理手續時，防損部營運、行政稽
核人員必須在場。除行政部庫管外，其他任何人不得任意調撥超市
商品。

⑺行政部庫管填寫一式五聯的《自用品內部轉貨單》，行政部、
轉貨商店、防損員分別簽名確認，各留一聯，餘下兩聯分別交給電
腦部和財務部，做庫存更正和賬務處理。

⑻行政部庫管進行自用品內部轉貨，電腦部和財務部按照進價
進行處理。

⑼行政部庫管把自用品進行入庫，並按照各部門填寫的《自用
品內部轉貨申請單》在每週星期三進行發放。

⑽行政部庫管發放自用品時，同時發放同等數量的「內部使用」
標籤，由領取部門自行粘貼。

⑾所有「內部使用」標籤，統一由防損部保管。（嚴格控管）

自用品內部轉貨流程圖

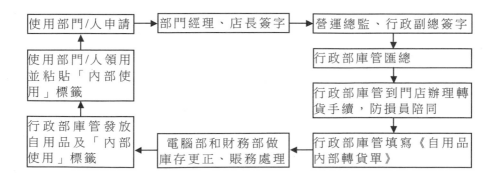

十五、商品退換貨程序

1.目的

為使商店進行退換貨時有據可依,將商店不適應銷售的商品及時進行退換貨處理,保證商店庫存的合理性及商品的正常流轉,減少損耗,提高商店業績及毛利,特制定本規定。

2.適用範圍公司各商店。

3.相關文件《顧客退換貨程序》。

4.名詞解釋

⑴退貨:由於各種原因,商店或配送中心需要將商品退還給供應商的行為。

⑵換貨:由於各種原因,商店或配送中心需要將同一種商品與供應商進行交換的行為。換貨商品必須是同一種商品,否則,算作退貨處理。

⑶商店退換貨:直送或直供商品由供應商直接到商店進行退換貨。

⑷配送中心退換貨:配送商品由供應商到配送中心辦理退換貨。

5.職責

⑴商店負責退換貨的申請和商品的準備。

⑵採購部負責與供應商溝通退換貨事宜。

6.作業程序

⑴退換貨準備。

①商店清點確認需要進行退換的商品。

· 供應商合約中規定可以退換貨的商品。

‧ 過期或即將過期的商品。

‧ 破報或破損無法包裝再銷售的商品。

‧ 過銷售季節的季節性商品。

‧ 庫存量大且銷售不佳的商品。

‧ 採購通知的擬清場供應商的商品。

‧ 其他原因造成的應退換的商品。

②商店整理退換貨商品及單據。

‧ 按供應商、商品描述對由於以上原因擬退換貨的商品進行整理，清點數量。

‧ 主管填寫《商店退換貨申請單》。

‧ 店長簽字確認。

③退換貨申請確認。

‧ 商店出納將《商店退換貨申請單》傳真給總部採購部採購。

‧ 採購部核准退換貨商品，交給財務。

‧ 財務審核退貨商品，確認該供應商由款可扣後簽字確認。

④退換貨通知。

a. 採購根據《商店退換貨申請單》填寫《商品退換貨通知單》。

b. 採購將《商品退換貨通知單》傳真給供應商，通知供應商辦理退換貨手續。

c. 供應商確認退換貨時間後，採購通知商店（直送/直供商品）或配送中心（配送商品）。

⑵退換貨處理。

①直送/直供供應商到商店辦理退貨。

a. 供應商憑《商品退換貨通知單》、本人有效證件方可辦理退

貨。

　　b.由商店理貨員、主管與供應商共同清點退貨商品。

　　c.供應商在《商店退換貨單》上簽字確認(包括姓名、性別、身份證號碼、運輸車輛型號、牌照)。

　　d.商店主管、店長簽字確認。

　　e.將《商店退換貨單》供應商聯交供應商帶回,供應商拉走退貨商品。

　　②直送/直供供應商到商店辦理換貨。

　　a.供應商憑《商品退換貨通知單》、本人有效證件方可辦理換貨。

　　b.雙方共同清點新商品及待換貨商品,確認商品品種、數量無誤後,雙方簽字確認。

　　c.進行商品換貨:新商品接收、換貨商品交供應商。

　　d.將已換貨的商品進行陳列銷售。

　　③配送商品退換貨。

　　a.配送商品退換貨由配送中心人員先到商店進行商店商品的退貨,雙方共同清點退貨商品,在《商店退貨單》上簽字確認。

　　b.配送中心將各商店退貨商品拉回配送中心,統一存放,並知會採購通知供應商前來配送中心辦理退換貨手續。

　　c.供應商接到通知後,憑《商品退換貨通知單》、本人有效證件前來配送中心辦理退換貨。

　　退貨:由配送中心退貨員與供應商共同清點退貨商品。

　　供應商在《配送中心退貨單》上簽字確認(包括姓名、性別、身份證號碼、運輸車輛型號、牌照)。

配送中心主管、經理簽字。

將《配送中心退貨單》供應商聯交供應商帶回，供應商拉走退貨商品。

換貨：雙方共同清點新商品及待換貨商品，確認商品品種、數量無誤後，雙方簽字確認。

進行商品換貨：新商品接收、換貨商品交供應商。

配送中心將已換貨的新商品按各商店實際數量進行配送。

商店將已換貨的商品進行陳列銷售。

⑶退/換貨錄入。

商店或配送中心辦理商店退換貨手續後，由商店或配送中心錄入人員當天將退換貨商品信息錄入電腦，並將《商店退換貨單》財務聯、電腦部聯分別交給財務部、電腦部存檔。

十六、超市盤點作業程序

1. 目的

為保證每次盤點的規範性和有效性，確保盤點數據的正確，確保電腦系統中的商品信息的準確性，加強商品管理，特制定本管理規定。

2. 適用範圍

公司全體員工盤點時皆適用。

3. 相關文件

⑴《問題商品管理規範》。

⑵《商品退換貨流程管理規定》。

⑶《超市內部自用品作業程序》。

⑷《庫存更正管理規範》。

4.名詞解釋

⑴盤點：為了確認真實的商品實物數量，檢查其與電腦系統中的庫存之間的差異而進行的清點商品數量的行為。通常分為常規盤點和季盤點兩種。

⑵常規盤點：日常工作中，為確認某一單品或某一種類商品的真實數量而進行的盤點工作，由商店隨機進行。

⑶季盤點：為了全面確認真實的商品實物數量，由總部組織的全面的統一的盤點，通常在每一季最後一個月的 25 日進行。本程序主要適用於季盤點。

5.職責

⑴營運督導部：負責每次盤點工作的總指揮，全面負責盤點工作的計劃、協調、安排和總結工作。

⑵商店：負責商店的票據核對、實物盤點工作。

⑶配送中心：負責配送中心的票據核對、實物盤點工作。

⑷採購部：負責相關票據的核對。

⑸財務部：負責整個盤點的監督和檢查，核實票據，並作盤點後的損益處理。

⑹行政部：負責自用品及不合格品的實物盤點及票據核對工作及整個盤點過程所有表格、用品的準備。

⑺防損部：負責報損商品、被盜商品的票據核對及整個盤點過程的監督。

⑻電腦部：負責所有票據的核對、盤點空表的列印及盤點後數據的處理。

⑼總部其他部門：協助進行監盤工作。

6.作業程序

⑴盤點計劃。

①在每次季盤點到來前一個月，由營運督導部負責制訂該季盤點計劃。

盤點計劃應包括以下內容。

・盤點目的。

・盤點時間。

・盤點流程。

・盤點時各部門職責。

・盤點注意事項。

②營運督導部將盤點計劃上交營運總監、業務副總審批。

③營運總監、業務副總根據公司目標和盤點程序及營運中的實際情況審批盤點計劃。

⑵盤點的通知。

①營運督導部根據審批後的盤點計劃，召開各商店店長和相關部門經理盤點會議，盤點工作領導小組，通知盤點計劃。同時將盤點計劃及要求下發到各商店及各相關部門。

②根據盤點計劃，採購部制定《供應商暫停送貨通知單》，通知供應商須在盤點前 3 天送來足夠的貨物，超市將在盤點前 3 天停止收貨（直送及生鮮商品例外）。

③根據盤點計劃，企劃部美工組製作顧客「盤點公告」，以備各商店在夜間不能及時完成盤點工作，則盤點次日應把「盤點公告」張貼在商店門口，告示顧客。

⑶盤點的培訓和工作分配。

①營運督導部負責根據本程序及盤點計劃，提前 20 天對各商店店長及各相關部門經理進行盤點作業培訓，確保管理者能夠熟練掌握規範的盤點程序。

②各相關部門經理負責對本部門人員進行盤點作業培訓，並提交本部門具體參與盤點工作人員的名單及工作安排。

③各商店店長負責對本店人員進行盤點作業培訓，並提交本店具體參與盤點工作人員的名單及工作安排，商店店長應盡可能安排所有的商店人員都來參加盤點。

④各部門經理及商店店長把具體參與盤點人員名單及工作安排於盤點前 15 天上交給營運督導部。

⑤營運督導部根據具體情況調整盤點人員，並將最後確認的盤點人員工作分配表交營運總監審批後，下發給各部門、各商店，並交人力資源部存檔一份。

⑷盤點的票據核對。

①盤點的票據核對是透過對各種商品流通中的票據進行核對，以便確認帳面上（電腦系統中）的庫存數字的準確性，避免漏單、缺單、錯單等現象，是確保整個盤點工作真實有效的基礎，各部門、各商店應該高度重視。

②盤點的票據核對主要分為以下幾種。

· 商店的票據核對。

· 配送中心的票據核對。

· 電腦部的票據核對。

· 相關部門的票據和對。

· 財務部的票據核對。

③商店的票據核對主要指商店對商品進、銷、調、存、退相關的票據進行核實，確保每一張票據都曾經輸入電腦系統，沒有漏單、缺單、錯單等現象的發生。具體票據包括以下幾類。

· 進貨類：

《商店直供商品訂貨驗收單》；

《商店直送商品驗收單》；

《商店配送商品驗收單》；

《商店調入商品驗收單》；

《商店顧客退換貨單》。

· 銷貨類：

《商店商品銷售清單》（在系統查閱）；

《商店不合格商品處理表》（與行政部有關）；

《商店不合格商品銷毀登記表》（與防損部有關）；

《商店偷盜商品登記表》（與防損部有關）。

· 調貨類：

《商店調出商品單》；

《自用品內部轉貨單》（與行政部有關）；

《商店庫存更正申請單》。

· 存貨類：

《商店商品庫存表》（在系統查閱）。

· 退貨類：

《商店供應商退貨單》；

《商店退回配送商品表》。

· 變價類：

《商店破包/破損商品變價申請表》；

《商店促銷商品變價申請單》；

《總部變價通知單》。

④配送中心的票據核對主要指對配送中心商品進、銷、調、存、退相關的票據進行核實，確保每一張票據都曾經輸入電腦系統，沒有漏單、缺單、錯單等現象的發生。具體票據包括以下幾類。

・ 《配送中心訂貨驗收單》。

・ 《配送中心商店配貨單》。

・ 《商店退回商品驗收單》。

・ 《配送中心退貨單》。

・ 《配送中心不合格商品處理表》（與行政部有關）。

・ 《配送中心不合格商品銷毀申請表》（與防損部有關）。

・ 《配送中心庫存變更申請單》。

・ 其他相關票據。

⑤電腦部、財務部應對以上所有票據進行電腦系統上及財務統計賬上的核實。

⑥其他相關部門也會有一些商品流通的行為發生，這些部門也應當進行票據的核實，確保每一張票據都曾經輸入電腦系統，沒有漏單、缺單、錯單等現象的發生。這些部門與票據包括以下幾類。

・ 防損部：

《商店不合格商品銷毀登記表》；

《商店偷盜商品登記表》。

・ 行政部：

《自用品內部專貨單》；

《商店不合格商品處理表》。

⑦以上各個部門應在盤點前全面核對本部門相應票據，確保所有票據均已錄入電腦系統，以確保電腦系統存貨數據的準確性。

⑸盤點的商品整理。

①盤點前 3 天，商店及配送中心停止收貨、配貨及調貨的行為（直送商品、生鮮商品除外），以保證有足夠的時間整理商店及配送中心現有的商品。

a. 為了保證盤點期間的銷售，商店應對暫停送貨的直供商品供應商下足訂單，確保盤點期間商店有足夠的庫存。

b. 配送中心要保證商店在盤點期間有足夠的配送商品的存貨。

②對於問題商品（破包/破損或有品質問題的商品），各商店、配送中心要在當月 20 日前按照《問題商品管理規範》處理完畢。

③對於與供應商退換貨的商品，商店（配送中心）應知會採購部，由採購部通知供應商按照《商品退換貨流程管理規定》前來辦理退換貨手續，應於當月 20 日前辦理完畢。

④對於自用品，商店（配送中心）應與總部行政部在當月 20 日前賬物核實完畢。

⑤對於促銷用的贈品、展示品等其他物品，商店應在當月 20 日前另外存放於單獨的區域。

⑥對於配送中心的商品，配送中心應按倉位歸類存放，貼好小分類標籤，同時確保配送中心的商品盡可能是整件包裝。

⑦對於商店的商品，商店應當做如下處理。

a. 貨架上的商品歸類整理，零散商品全部上架，確保貨架上的商品同一縱深層面是同一種商品，同時檢查商品的價籤與實物是否

相符。

b. 堆頭上的商品應進行規範整理,確保堆頭底層的整件商品確實尚未開封,已開封的將空箱撤除,散貨應當放在堆頭的表面。

c. 花車上的商品應進行規範整理,確保花車下的商品是整件尚未開封的,已開封的商品應陳列在花車上。

d. 對於一種商品多處陳列的(如正常貨架、端架、堆頭、花車及收銀台前貨架)應重點做好記錄,以免盤點時漏盤。

⑹盤點前的準備與檢查。

①盤點前的表格準備。

a. 電腦部應列印出盤點空表,以備配送中心及商店核對電腦系統商品數據與實物數據如商品品名、規格、條碼、價格等的一一對應關係。

盤點空表上的內容包括商店編號、商品分類、商品編碼、商品描述、單位、盤點數量(空)等信息。

電腦部按照商品的大、中、小分類分別列印盤點空表。

電腦部把盤點空表交給配送中心及商店時,應有文件交接手續。

商店店長及配送中心經理按照盤點空表安排人員確認實物,建立商品實物與電腦系統商品數據的一一對應關係。

如果商品實物數據與電腦系統商品數據不相符,商店(配送中心)應當立即上報電腦部。

電腦部經確認後,修改正確的商品信息。

盤點空表上有而實物沒有的數據,需要註明,以便盤點後確認是否缺貨或者屬於別的原因。

　　盤點空表上沒有而實物有的數據，電腦部須根據實物增加這個商品的信息，同時須與採購部及商店共同查找原因。

　　盤點空表上的數據與實物不相符，查明原因後，以實物為準做數據修改。須填寫《商品信息修改表》。

　　盤點空表由商店店長(配送中心經理)負責保管。

　　b.盤點卡：盤點卡是真正盤點所用的包括了所有單品的小卡片。通常一品一卡，便於理貨員盤點。盤點卡包括以下內容：商品分類、盤點位置(貨架號、堆頭號、端架號等)、商品編碼、商品描述、單位、盤點數量、盤點人、覆查數量、覆查人等。

　　盤點卡由營運督導部提出申請，經企劃部美工設計，由行政部負責提前一個月印刷、準備。

　　商店店長(配送中心經理)在檢查各項工作均已準備好後，於盤點開始前 2 個小時，將盤點卡發給各個實物盤點人。填寫《盤點卡交接表》，確保盤點卡不會丟失。

　　c.商店貨架佈局圖。店務拓展部把每個商店的商店貨架佈局圖於盤點前 15 天交給各商店店長。商店店長按照貨架佈局圖及盤點空表確認盤點的工作量。商店店長按照貨架佈局圖做每個貨架的貨架標號。

　　②盤點前應有充足的文具準備，包括黑色碳素筆、紅色油性筆、A4 廢紙、透明膠紙等。

　　③盤點前的工作檢查。

　　a.各商店店長(配送中心經理)在盤點前 3 天先做自我檢查，以便及時發現問題，及時糾正。

　　b.盤點領導小組於盤點前 2 天對各商店、配送中心做巡廻檢

查，發現問題，及時糾正。

c.盤點工作檢查的內容包括以下幾個方面。

· 各項票據的核對：票據是否全部核對完畢，票據數據與系統數據是否相符。

· 商品是否已經歸位、整理完畢。

· 盤點空表上的數據是否與電腦系統的數據一致。

· 盤點人員是否已全部接受過盤點培訓並熟練掌握盤點程序。

d.只有每一項工作都完全透過了，盤點領導小組才會同意盤點如期進行。

(7)盤點工作的進行。

①為避免影響營業，盤點通常安排在每個季最後一月 25 日的晚上進行。

②盤點順序。

a.盤點時，盤點人員按照商品的小分類，按照貨架→端架→堆頭→花車→收銀台前貨架→其他區域的順序進行。

b.盤點時，遵循從左到右、從上到下的原則點數。

c.盤點時，盤點人員手拿盤點卡，先對應商品實物與價簽上的信息，填寫盤點卡上除了數量外的其他信息，然後進行點數，注意檢查貨架上同一縱深排面的商品是否是同一種商品，以免數錯。

d.點數完畢後，在盤點卡上填上正確的數量。注意：數字應為阿拉伯數字，不可塗改。如手寫失誤，可在原數量上「+/－」相應的數字，如盤點卡上寫著「5+2-1」，最後的盤點數量則為「6」。

e.簽上自己的名字，把盤點卡插在商品上，一半朝外，以便複盤人員看到。

f.盤點人員每完成一個貨架(BAY)的盤點後,在該貨架上貼紙,並用紅筆打叉,表示該貨架商品已盤點完畢。

③複盤。

a.盤點人員點數完畢後,複盤人員首先檢查盤點卡上的商品數據是否與商品實物及價籤一致。

b.點數。

c.在複盤人欄簽名。

d.如盤點人與複盤人所點數據不一致,雙方應共同進行第三次點數,以便確認真實的數量。

e.複盤人採取抽查的方式進行複盤,但複盤抽查率應達到50%。

f.複盤人員由總部其他部門的人員擔任。

g.貴重商品,如煙酒、化妝品等,須由店長及店長助理親自複盤。

④監盤:盤點時,防損部人員負責監盤,防止、制止有礙商品安全的行為發生。

⑤盤點時,聯營廠商的商品由聯營廠商人員負責盤點。

⑥為保證盤點的有效性,盤點應該一次性完成。

⑻盤點後的數據統計與錄入。

①盤點完成後次日,應由商店店長(配送中心經理)組織店長助理、出納、錄入員及商店主管進行盤點卡的統計,統一匯總在商店(配送中心)盤點空表上。

②商店店長應在盤點後第三天之前把匯總後的盤點表上交電腦部、營運督導部。

③電腦部根據盤點表將實際盤點商品數量錄入電腦,同時與電腦系統商品庫存數量對照,列印出《盤點差異單》,交營運督導部。

⑼盤點損益的處理。

①營運督導部根據電腦部提供的《盤點差異單》,組織各商店店長迅速查明原因。

· 如果是因為票據原因造成的差異,儘快處理票據。

· 實在無法查明原因的差異,則算作盤點損益。

②盤點損益的分類。

· 合理範圍內的損益,稱為正常損益。

· 差異較大,屬於非合理範圍內的損益,稱為非正常損益。

③盤點損益的處理。

對於正常損益,經營運部、電腦部確認後,由總經理簽字,電腦部做庫存更正,財務部做賬務處理。

對於非正常損益,經營運部、電腦部確認後,由防損部營運稽核組負責調查,追究相關責任,挽回企業損失。在下一次盤點前,總經理根據實際情況簽字,電腦部做庫存更正,財務部做賬務處理。

⑽盤點總結。

①盤點後兩週內,各商店店長、配送總心經理做本次盤點總結,並上報營運督導部。

②盤點後兩週內,電腦部經理、財務部經理、防損部經理就具體的盤點差異及盤點結果,做本次盤點總結,並交營運督導部。

③營運督導部根據盤點結果、盤點差異及各商店、各部門盤點總結,在盤點後第三週,做本次盤點總結,內容包括以下幾個方面。

· 本次盤點結果。

・本次盤點差異。

・本次盤點所反映的問題。

・下次盤點應糾正的方向。

④盤點後第四週，營運督導部將盤點總結交營運總監審核，營運總監審批後，上報業務副總，並抄送採購部、電腦部、財務部、防損部及各商店店長。

案例 3　美國家具店的銷售數據管理

美國德克薩斯州的櫥窗傢俱公司是一家佔地 30000 英尺的傢俱零售店，它的目標顧客主要是中等及中等以上收入的消費者。從一開始，櫥窗傢俱公司就與眾不同，和它的競爭者相比，櫥窗傢俱提供的是保證當日送貨上門（每天累計能達到 300 次以上）。櫥窗傢俱一直是一個以銷售驅動的組織，公司擁有一批佣金很高的銷售人員（當然是以同行業的標準來衡量的），它強調以任何法律允許的方式來促進其產品的銷售。

櫥窗傢俱也有過很傳統的管理模式，例如建立責任鏈，明確責任所在以及取悅老闆等。業務的增長是因為櫥窗傢俱有著很龐大數目的顧客和僱員，和設定任務、激勵性的薪資，以及評估和排列員工等級等管理方法。總之，當時這被認為是最好最嚴密的管理方法。

然而，這種嚴密的管理法逐漸變得不適用了，因為顧客的實際購買率（即實際購買傢俱和來店光顧的顧客總量的比率）似乎總是超不過 45%，而全國傢俱零售店的平均實際購買率僅為 24%，無論

公司作出何種激勵顧客購買的努力，總之，對此種管理方法的懷疑開始產生，或者說已經有了不好的兆頭，事情從來不會無根無據地突然改變的。

接著，嚴密管理法有了光輝的新思路，那就是店中只保留最優秀的銷售人員（當時是 80 名）。我們把結果製成了圖表，到月末時獎勵那些銷售業績最好的員工，而且鼓勵他們下個月盡其所能留住盡可能多的顧客。

不幸的是，這種方法也沒奏效，因為當時我制定銷售目標時過於武斷，以至於導致了大家的急於求成和對核心任務的錯誤理解。所有這些導致了很多的爭議。因銷售業績靠前而總是得到嘉獎的數十個人竟會因為他們所受到的不同待遇而感到不好意思。在這種對消費者服務的「平均成功率原則」中，他們總是領先於其朋友們，而其餘的 70 名銷售人員就會有很強烈的失敗感·這導致了這些人持續的擔心和恐懼感，進而無疑地導致了銷售人員忽略顧客的真正需要和對顧客的真正關心。

雪上加霜的是，假設銷售人員在某星期六的銷售額沒有達到規定數量的 30%，那麼他們就會被「驅逐出局」，直到所有的銷售人員都忙得不可開交的時候為止。這是對被稱為「生產者」的人的獎勵和被假定是達不到所要求的貢獻之人的懲罰。

過去公司曾規定過每日銷售目標，如果達到了目標，在最瘋狂的時候，銷售業績排在第一的員工會得到 500 美元，排在第二、第三的依次得到 300 美元和 200 美元。這給人的感覺是大家為了一個胡蘿蔔而努力工作，惟一改變了的是眾人的面孔，因為銷售人員總是在頻繁更換。

　　我們持續經歷了每月更換 10～15 名銷售人員的日子，在不斷地僱用、培訓和解僱員工中耗費了大量的時間和金錢。我們一直致力於尋找最優秀的銷售人員，並且總為一半的人都達不到平均水準而費神。顧客的實際購買率從來沒有令人可喜地提升過，銷售人員的業績也時好時壞，就像過山車一樣，時高時低。輕描淡寫的說，我當時是很沮喪。一定要有一個比現在的過山車更有效的方法！

　　1990 年的 10 月，我和五個櫥窗傢俱的成員聽取了戴明博士在休士頓舉辦的為期五天的研討會。其中的很多理念被我所接受，但是難道一定要削減薪資、獎金和佣金嗎？不能！是這些東西把櫥窗傢俱「從蠟筆變成香水」的，我當時的確這樣想。但是戴明博士的觀點引起了我的興趣，我想他的「14 點」既然適用於像豐田、本田、新力、通用以及福特這樣的公司，那麼很可能其中的一些(當然我會從中挑出我喜歡的)點子會適用於櫥窗傢俱。為了讓這個挑選過程比較容易，我買了戴明圖書的系列錄音帶，後來的幾個月我還一直在收聽全美廣播公司的相關節目。

　　我開始得到這樣一個很清晰的信息：雖然我的管理不當挫傷了員工和他們的內在積極性，但是櫥窗傢俱公司還是很幸運和成功的。

　　12 月我帶上 5 個銷售人員參加了在密歇根州弗林特舉行的為期四天的會議。這次會議由別克、奧茲和通用汽車卡迪拉克部門發起。我坐在在卡爾‧休厄爾(Carl Sewell)旁邊。Sewell Village 卡迪拉克汽車的創立者和擁有者——最出名的卡迪拉克特許經銷商。休厄爾先生用與櫥窗傢俱近似的方式——高佣金、激勵薪資和銷售競賽來建立卡迪拉克生意。

卡爾和我討論起是支付薪金還是支付佣金。我開始想這個不可想像的事。我們已經有了正如《團隊手冊》(Teams Handbook)的作者彼得‧斯科爾特(Peter Scholtes)所描述的「有突擊兵特性」，四或五個人準備向薪金突進，但是仍有 85 個銷售人員持懷疑態度，這還不是恰當的時候！

在 1991 年 1 月，我妻子琳達和我帶著兩個轉變意見的人——德恩‧萊德福和馬克‧傑維斯參加了一個為期四天的會議。

這次會議是在加利福尼亞的紐波特比奇召開的，在那裏我們遇見了愛德‧貝克博士(Dr.Ed Baker)，他是戴明的老師，並且是福特汽車公司的品質總監。他和戴明博士鼓勵我們進行一個「信仰跳躍」，並且開始去做。

1991 年 1 月，在這個有紀念意義的轉變進行之前，銷售人員必須在一週的銷售紀錄之中至少銷售 7000 美元，再加上 400 美元化學銷售附加額(化纖，皮革和木材需要保護)。當這些定額達到時，會得到 10%的佣金，銷售人員大約能賺到 700 美元。但是如果定額沒有能夠達到，無論什麼情況銷售人員只能得到 5%的佣金，每週大約能賺 300 美元。顯然，這會激勵各種類型的團隊，因此定額會達到。銷售人員會盡最大的努力跨過贏家和輸家的界限。

1.一些銷售人員將每週工作 6～7 天以便完成他們的定額。他們變得越疲勞，其定額對他們來說就變得越難以完成。

2.我們的送貨部門期望在我們支付薪資的最後階段加班。這時銷售人員將會讓顧客取走他們的傢俱，這樣銷售人員的定額就能完成。「不要去理會顧客所需要的！我們必須達到我們的定額！」

3.如果定額已經達到，顧客將被告之下週四來取貨。這樣，每

週的銷售定額和生產定額將一定會達到。

4.如果只有微小的利潤或者沒有利潤，顧客將不被允許買他們所想要的傢俱。實際上是拒絕某些銷售，以便使顧客轉向其他傢俱，這就造成了顧客的極大不滿。

5.在週四晚上，你通常會看見一些顧客離開時麻木的表情，因為他們的雙臂一次就抱著足有 30 瓶的傢俱擦亮劑。

6.在週四晚上之前傢俱也會被運往到銷售人員的車庫裏，以便當銷售人員方便時將傢俱運送到顧客家裏。

我越向戴明學習，就越認識到一些我必須做的事情，但是我沒有百分之百的準備好！因此在 1991 年 1 月我們進行的不是信仰跳躍，只是個小跳步，去掉了所有的定額，但仍然付給每個人佣金。足夠令人驚奇的是，銷售額竟然上升了並且服務態度也改善了。一些恐懼被驅走了，但不是全部，去掉定額之前店鋪結算餘額率為 42%～46%，定額被去掉以後，店鋪的結算餘額率上升了，並且一直穩定在 50%左右。

在 1 月，2 月和 3 月間，我妻子琳達一直勸我把所有的薪水都付了，但我沒有這樣做。然而幾個月中對於薪金制還是佣金制的討論為公司的轉變做好了準備。在 1991 年 3 月，我有機會請教戴明博士是激勵薪資還是佣金對銷售人員有好處？他撓著九十高齡的腦袋，用有些令人失望的態度說「你以前沒有聽過嗎？」

因此，1991 年 4 月，我們決定付給所有銷售人員薪水，這個薪水是基於 1990 年他們得到的月收入，並且如果公司盈利，在利潤分享計劃裏，每個人將公平分享利潤。每個人都感到這是個公平的方法，這是個起點。

我們就這個課題請教了 20 世紀美國專家巴特 · 辛普森(Bart Simpson)，他的反應是「激進的前進」。

對於轉變薪酬計劃，戴明的轉變和其他人的猶豫不決的最重要的原因是害怕銷售工作人員將變懶，沒有動力去做他們那份工作，我們在開始計劃時也有同樣的擔憂，銷售人員將會認為他們不會得到同樣的錢。現在不依靠每週的銷售額，為了每月的回報，他們也害怕將被評估、估價、分等級和用與從前一樣的方法和標準評價。一些人認為櫥窗傢俱公司這樣冒險是沒有必要的，我對此也存在一些恐懼，但現在看來不值一提。

現在所有這些先前的恐懼都不存在了，幾乎是立刻之間我們就創造了一些令人驚奇的發現，人們的工作沒有減少，他們工作得更多，並且都急於做貢獻和發揮他們的價值。他們團結一心展現我們所不知道的才能。進步和成功用與以前不同的方法被衡量，管理者不再看個人的成績而是看整個體系的總和成績。

現在我們視組織為一個體系，這個體系是如何做的？我們如何能不斷前進？對於我們的顧客來說什麼是最重要的？

組織有一個既定的利益是建立在他們所做的和他們的下屬部門所做的對整體有貢獻的事情上。他們把更多的快樂帶到工作上。最後，他們被告之並被允許去利用其智慧和能力參加對其下屬的培訓。他們參加商品的銷售規劃和新產品的計劃和開發。現在一個購買傢俱的團隊會見他們的代表，並且走訪了市場，然後做出從前許多的購買者曾經做出的決定。這個購買者與購買公眾只有很少或者沒有聯繫，僅這個變化就節省了我們公司不少美元。當我們對發展有貢獻時，越來越多的組織變成了比賽者，更加不斷地增長了集體

的貢獻，並在體系中找到一個他們能做貢獻的地方。激發出他們的能力這確實讓我吃驚，在整個變化過程中，這麼多潛在的能力浮出水面，下面就有這麼一個例子，並且現在有許多這樣的例子。

最近，我們決定在我們的兩個展示區內重新做兩個模型，商業預算耗資超過 7 萬美元。我們集體內的一組發揮他們的才能建成了我所見過的最漂亮的展示館，總共相關費用不超過 7000 美金。節省下來的資金直接進入淨收益，被所有在利潤分享計劃裏的人共用。在過去，集體在做銷售以外的事都會有所損失，而現在交叉培訓正在蔓延。從前我們不能公正地處理事件或認為交叉培訓損失財源，然而，交叉培訓實際上更有效地利用了公司最寶貴的財富——員工。業績評估已經被完全廢除，而人們僅被要求完全地使用他們的知識、智慧和能力為整體的利益作貢獻。現在，有經驗的銷售人員和上級銷售部門正幫助新來的銷售人員並把他們看作公司的資產，而不是對其收入的競爭和威脅。銷售人員的流動率被減少到 10 或 15 個銷售員工，他們每月被解僱或辭職，我們每週在當地報紙的銷售廣告上所花費數千美元的時期已經結束了。

人們變得更安心。人們渴望有保障。現在銷售人員第一次能夠預算他們的收入，而不用在一個月的時間裏想像能得到的薪水。銷售人員在公司的每個地點工作，包括倉庫、服務台和送貨處。現在他們視公司為一個整體。「這不是我的工作」的話已經完全消失，每個人都能理解他人，用同情和理解的態度代替了批評。顧客的需求被考慮，顧客不再感覺是被迫買東西。不是只為了生計，銷售人員開始重視顧客的需求。

現在休息時間被用來增強銷售技術和如何應付工作中某些情

況的演習上，而不是浪費在電腦列印上，計算和擔心他們離定額有多遠。組織已經知道顧客就是生意，他們的生意就是顧客。

過去每週製作薪資表要花費 9～10 個小時，而現在只需花費 1 小時。負責薪資表的小姐每週不會再接到 300 多個電話詢問關於組織生產的問題和他們離定額有多遠或超出多少，或者他們一週賺了多少錢。

管理部門現在花時間幫助員工培訓和培養他們，而不是分等級、評定、解僱或裁判傭金。一個學習的環境已經創造出來，人們熱愛學習並且擅長他們的工作，這能給他們帶來快樂。而喜愛你的工作又有什麼錯誤呢？就像交響樂團中的一員，團隊中的每一個人為了整體的和諧而演奏好自己的那部份。

櫥窗傢俱公司在 1993 年 5 月將要做以下事情：

· 用優質的產品和服務超過顧客的期望。

· 幫助員工在思想、精神和錢包方面富有起來。

· 使我們生活、工作和娛樂的環境變得有意義。

……對於長期團隊的管理。

櫥窗傢俱在 1993 年的首要目標是使顧客高興，第二個目標是銷售和遞送傢俱，第三個目標是產生收入。顧客滿意、銷售和遞送傢俱、產生收入，就是按這個順序，透過以低成本遞送高價值的產品和服務來規劃我們的未來。用一句話說就是用較少的做較多的，以低開支來支撐運作，並向顧客提供更多的價值。

西南航空公司以德克薩斯州的達拉斯為基地，在該行業中是最有利潤的一家。不像它的競爭者大陸航空公司，西南航空公司建立了維持低開支和精幹的管理結構。公司的地面人員只在 10 分鐘之

內就可以將飛機配備就緒。首席執行官赫布‧凱萊赫(Herb Kelleher)透過在飛機止的日常服務和個人為旅客裝卸行李來接近顧客。

　　沃爾瑪的創立者薩姆‧沃爾頓(Sam Walton)已經使公司的間接費用佔總成本的比率在 12%以下，而西爾斯羅巴克公司(Sears Roebuck)的間接費用比率已經接近 30%。在 1989 年西爾斯對草地和公園部門的管理費用比整個沃爾瑪公司還多！

　　我們怎麼能讓員工有效率呢？我們如何能用較少的開支來做較多的事情呢？答案是增加員工和組織之間積極的相互影響，提供更多的合作。透過增加員工之間和部門之間的相互影響來管理組織中的「空白地帶」。管理「空白地帶」，這樣個人會為組織的目標作貢獻。這就如同一個系統作為網路連接各獨立城分，這些獨立城分一起工作來完成系統的目標。櫥窗傢俱的目標是：①滿足顧客的需求；②銷售和遞送傢俱；③產生收入。

　　在 1993 年，什麼是櫥窗傢俱想要和需要的？那就是更多積極的相互影響。例如，當店鋪不忙時，銷售人員去分發中心，做遞送。在繁忙的週末，從分發中心的後勤辦公室調動人員去店裏幫助銷售或幫助開票據。

　　在 1993 年什麼是櫥窗傢俱不想和不需要的？那就是任何消極的相互影響，說關於另一個部門或另一個人的壞話。在櫥窗傢俱我們已經學會自我批評而不是批評別人。

　　一個組織需要被管理。它不能自己管理自己，任隨它自己行事，員工將變得自私、相互競爭。櫥窗傢俱的奧秘在於成員間朝著組織的目標合作式工作。我們擔負不起成員之間或部門之間破壞性

的競爭損害。

我們必須有整體樂觀向上的精神。分成各自為政的部門和功能對一個公司的運作來說是錯誤的。對顧客的服務只由服務部門完成，而銷售部、遞送部、後勤辦公室和數據處理部門等所有的部門獨立工作，並且相互競爭。

樂觀是集合發揮所有成員的努力達到既定目標的過程。樂觀是管理部門的工作。每個人贏在樂觀上。改革從我們開始，我們必須在員工和部門之間創造巨大的積極的相互影響。另一個發生在櫥窗傢俱的例子是當在週六和週日接到工作時不再說：「那不是我的工作。」

產品的品質是各部份對整體有多融合的結果。一個公司的好壞依靠有多少員工齊心協力地工作。櫥窗傢俱透過什麼方法幫助員工齊心合力地工作呢？透過創造更多積極的相互影響，而不是一直埋頭工作而使學習和合作變得困難。在櫥窗傢俱我們建立了一套體系迫使人們合作，因為他們做的是合作性的工作。

櫥窗傢俱幫助所有的部門建立一個體系，支持積極的相互影響並阻止回到老路上。這個體系支援各個部門以防止他們說：「要不是……，我能夠合作。」

商業就是與人打交道，計算出怎樣能創造許多積極的相互影響。與人打交道就像航行要與風拼搏。不過它不是機動船，前方充滿了險阻，讓人們為你的行動而震撼。

越多的人被捲入變化中，則會遇到越少的抵制。讓每個人都贏！整體樂觀向上，讓人們既獨立又相互依賴。

人們會為許多原因工作而不是為了錢。志願者的陣線以其最快

的速度增長，在 1992 年 12 月櫥窗傢俱目擊了這個現象。在休斯頓航太發射中心，組織了一場耶誕節慶祝活動，結果有 5000 名志願者在耶誕節那天為該公眾活動服務。

櫥窗傢俱不斷平衡作為個人的感覺和作為團隊成員的感覺。組織有一個天然的平衡信息量或有一個分解成部份的趨勢（這種情況發生在波士尼亞和塞爾維亞）。

在《領導是一門藝術》（Leadership is an Art）中，馬克斯‧德普雷（Max Depree）——赫爾曼米勒（Hermann Miller）公司的首席執行官提供了一份組織平衡信號的目錄。

- 僱員間的緊張狀態。
- 領導者去尋求控制而不是解放。
- 談到顧客，員工看作是一種負擔而不是有機會去服務。
- 領導者依靠組織而不是員工。
- 製造問題的人比解決問題的人多。
- 感覺目標和回報是同一件事情。

櫥窗傢俱為樂觀而工作，堅持有歷史收益而不是統計結果。例如，對櫥窗傢俱來說 7 月 4 號以後比 7 月 4 號有更大的銷售額，我們將為 7 月 4 號以後準備。

櫥窗傢俱集中在發展體系並幫助每個人創造業績。如果每個人盡其最大努力，他們僅能提高 3%～4%的收益，96%的發展來自體系。重點在於有系統的發展。櫥窗傢俱透過把員工和薪水連在一起，迫使他們合作來發展體系。我們需要每個工作人員去除成見來為整個體系工作。你的和我的責任是個人的轉變，透過戴明博士的四個因素來轉變：①體系；②變化；③心理；④知識理論。

今天對變化理解的失敗是一個中心問題，我們必須作調查工作並對原因作研究。要問「為什麼？為什麼？為什麼？」，看體系而不是產出。當櫥窗傢俱的銷售人員需要每週銷售 400 美元的化學製品以防止佣金被減掉一半時，一個心理障礙就產生了。現在櫥窗傢俱教授如何每天銷售化學製品多於 400 美元。

未來不是它從前的樣子，需要戲劇性的變化。現在立即發送傢俱是每一分鐘的期盼。彼得· 德魯克(Peter Drucker)說，為了扭轉局面，公司必須重新思考並重新考察它們的理論。德魯克引用一個例子。IBM 的建立者湯瑪斯· 沃森(Thomas Watson)嘗試使穿紮卡片成為那時新的電腦的附件，使它受到注意。他給其銷售人員下了極嚴格的命令不要推銷電腦，如果這樣做將危害穿孔卡片訂購的話。對 IBM 而言幸運的是審查部門起草了一個反信任文件。迫使 IBM 退出穿孔卡片的行業。否則，IBM 將會走穿孔卡片的路。

今天的櫥窗傢俱是提供使人們高興的傢俱。我們怎樣才能做得更好呢？

· 取悅內部的和外部的顧客。

· 購買和銷售優質產品。

· 現實解決真正的問題。

· 為第一時間的購買者提供消費貸款。

· 關注非購買者。

· 具有專業性。

· 給顧客驚喜。

我們今天面臨的最顯著的問題不能用當前的見解來解決。隨著墨西哥新的商業機會的到來，如果我們不能說西班牙語，不可能只

透過英語來交流。

必須關注有效的解決方法。在櫥窗傢俱我們重視床的銷售水準的上升，皮革製品銷售上升。遞送費用上升，地板保護費用上升，經理們大的折扣在上升，在發送中心我們注重發展遞送、發展安全性、發展接受程序並發展服務。我們注重使顧客高興。

現在我們的銷售額、決算百分比和利潤率都在上升。顧客很滿意，越來越多的顧客光顧櫥窗傢俱。

店鋪決算開始時在45%左右，後來超過50%。銷售佣金制改革後，現在店鋪決算持續超過60%。櫥窗傢俱年銷售額不斷上升。1993年第三季收益率達到18%，淨所得率達到23%。當商品成本和費用被控制住時，收入就上升了，並以低價格提供給顧客同等品質的商品。

在1993年櫥窗傢俱銷售上達到14%的盈利。在1993年的第一季櫥窗傢俱分享了91500美元的利潤，這僅是第一季利潤的5%。另外員工還分享了34000美元，這是1992年～1993年銷售額增長的10%。

最近在戴明的一個聯絡會上，有人問我如果銷售額下降，是否我要走佣金的老路。我回答不！絕對不會。薪水相對於佣金的最大好處是不為人知的和不可知的。僱員們變得更高興，管理者也更高興，顧客被更好的對待，公司也獲得更多的利潤。每個人都是盈利的。難道每個人都盈利有錯誤嗎？

我們在競爭中被出賣，我認為是好的。我贏或者你輸！1969～1970年我在德克薩斯大學時學會了競爭。我最好的一個朋友在體育領域發起了競爭。貝拉‧卡羅爾依（Bela Karolyi）是美國奧

林匹克運動家獎牌獲得者瑪麗・雷蒂(Marylou Rettin)和納迪亞・科米尼切(Nadia Cominiche)的教練。我們必須認識到我們在體育和學校學到的經驗不適用於商業。用擴大市場的改革使每個人分享不斷增大的蛋糕。改革為了產生最大的變化已經代替了管理思想。

　　以下改革佣金制以前櫥窗傢俱的情況縱覽和今天管理層是如何全面轉換觀念的。

從前	取消佣金制以後
個人問題，爭吵、嘲諷和起綽號。	把公司看成一個整體——不注重個人事情。
解僱落後員工。	把員工當作財富。
沒有培訓，人員流失率高，不斷招募新人。	投資利潤率：投資於最好的資產——人。
因為員工「沒有弄明白」而失敗。	少些苛刻，欣賞不同風格。
拖延問題……用命令解決。	更努力工作，解除隱患。
忽視了有能力、有才智的員工。	發現許多人有想法並能夠的潛力做貢獻。

　　收穫是巨大的，人們對工作更加喜愛；態度變好了，這是個更好的奇蹟。員工更熱情地工作，貢獻他們的意見、想法和才能。現在是個好的機會爭取最大的回報而不是獲得平庸的收益。沒有冒險就沒有報酬。

　　員工透過訓練和培訓學習發展自我。我們現在有較少的供應商（從 150 個減少到 30 個）。管理者正在傾聽回音，員工正在轉變為

體系的改進者。

現在有非常強烈的合作精神而不像從前只有競爭。每個人都是贏家。這是個漫長而困難的工作，但在這裏我告訴你，你可以使你的生意發生改觀，並轉變使我們越來越遠離世界經濟藍圖的思想。

在櫥窗傢俱我們選擇去走長期注重快的節奏或通向長期繁榮的路！我們選擇了戴明的方法，主要內容如下：

- 改善品質；
- 減少成本；
- 提高生產率；
- 降低價格；
- 增加市場佔有率；
- 在商場中生存；
- 提供工作，提供更多的工作；
- 在投資上有回報；
- 每個人都贏了！沒有失敗者。

我們必須做不斷地改進。如果你總做你從前做過的，你就只會得到你從前得到的，這意味著集體必須以強烈的合作精神工作。

學習不是強迫性的，生存也不是強迫性的。為了改革必須：①有積極的相互影響；②更好地合作；③更優質的產品和服務。這就是說積極的相互影響、更優質的產品和服務以及更多的合作等於使顧客滿意。

大家能夠朝著櫥窗傢俱的同一個目標努力的秘密是合作。1993年櫥窗傢俱的行動計劃如下：

- 讓具有個人主義的人離開；

- 和其他銷售人員合作工作；
- 跨部門培訓的機構體系；
- 更好的機構培訓課；
- 獲得工作以外的聯繫；
- 淘汰定額；
- 實行「黃金法則」。

如果我們個人改變則改革會發生；如果我們作為個體不改變，又如何期望別人改變呢？我們需要改革思想，需要一個新的模範。為了改變人們在櫥窗傢俱工作的方法，我們需要改變彼此相互影響和作用的方法。

櫥窗傢俱的試驗在繼續，我們只是開始學會合作。但是人們的能力，合作的能力，繼續合作和在一起工作的能力已經發生了驚人的變化。我們的成本顯著下降，利潤上升，人們更加滿意，每個人都贏了。這就是試驗的全部。難道每個人都贏了有錯嗎？難道每個人回家都要帶藍綬帶（即成績第一）嗎？

同時，我知道到美國西部不是單憑個人的力量開拓的，而是人們共同努力建沒的。幫助鄰居搭建穀倉就是一種合作精神。

臺灣的核心競爭力，就在這裏！

圖書出版目錄

下列圖書是由臺灣的憲業企管顧問（集團）公司所出版，秉持專業立場，特別注重實務應用，50餘位顧問師為企業界提供最專業的經營管理類圖書。

選購企管書，請認明品牌：憲業企管公司。

1. 傳播書香社會，直接向本出版社購買，一律9折優惠，郵遞費用由本公司負擔。服務電話(02)27622241 (03)9310960 傳真(03)9310961

2. 付款方式：請將書款轉帳到我公司下列的銀行帳戶。

・銀行名稱：合作金庫銀行（敦南分行） 帳號：5034-717-347447

公司名稱：憲業企管顧問有限公司

・郵局劃撥號碼：18410591 郵局劃撥戶名：憲業企管顧問公司

3. 圖書出版資料隨時更新，請見網站 www.bookstore99.com

經營顧問叢書

25	王永慶的經營管理	360元	125	部門經營計劃工作	360元
47	營業部門推銷技巧	390元	129	邁克爾・波特的戰略智慧	360元
52	堅持一定成功	360元	130	如何制定企業經營戰略	360元
56	對準目標	360元	135	成敗關鍵的談判技巧	360元
60	寶潔品牌操作手冊	360元	137	生產部門、行銷部門績效考核手冊	360元
72	傳銷致富	360元	139	行銷機能診斷	360元
78	財務經理手冊	360元	140	企業如何節流	360元
79	財務診斷技巧	360元	141	責任	360元
86	企劃管理制度化	360元	142	企業接棒人	360元
91	汽車販賣技巧大公開	360元	144	企業的外包操作管理	360元
97	企業收款管理	360元	146	主管階層績效考核手冊	360元
100	幹部決定執行力	360元	147	六步打造績效考核體系	360元
106	提升領導力培訓遊戲	360元	148	六步打造培訓體系	360元
122	熱愛工作	360元			

275	主管如何激勵部屬	360 元
276	輕鬆擁有幽默口才	360 元
277	各部門年度計劃工作（增訂二版）	360 元
278	面試主考官工作實務	360 元
279	總經理重點工作（增訂二版）	360 元
282	如何提高市場佔有率（增訂二版）	360 元
283	財務部流程規範化管理（增訂二版）	360 元
284	時間管理手冊	360 元
285	人事經理操作手冊（增訂二版）	360 元
286	贏得競爭優勢的模仿戰略	360 元
287	電話推銷培訓教材（增訂三版）	360 元
288	贏在細節管理（增訂二版）	360 元
289	企業識別系統 CIS（增訂二版）	360 元
290	部門主管手冊（增訂五版）	360 元
291	財務查帳技巧（增訂二版）	360 元
292	商業簡報技巧	360 元
293	業務員疑難雜症與對策（增訂二版）	360 元
294	內部控制規範手冊	360 元
295	哈佛領導力課程	360 元
296	如何診斷企業財務狀況	360 元
297	營業部轄區管理規範工具書	360 元
298	售後服務手冊	360 元
299	業績倍增的銷售技巧	400 元
300	行政部流程規範化管理（增訂二版）	400 元
301	如何撰寫商業計畫書	400 元
302	行銷部流程規範化管理（增訂二版）	400 元
303	人力資源部流程規範化管理（增訂四版）	420 元
304	生產部流程規範化管理（增訂二版）	400 元
305	績效考核手冊(增訂二版)	400 元
306	經銷商管理手冊(增訂四版)	420 元

307	招聘作業規範手冊	420 元
308	喬·吉拉德銷售智慧	400 元
309	商品鋪貨規範工具書	400 元
310	企業併購案例精華（增訂二版）	420 元
311	客戶抱怨手冊	400 元
312	如何撰寫職位說明書(增訂二版)	400 元
313	總務部門重點工作（增訂三版）	400 元
314	客戶拒絕就是銷售成功的開始	400 元
315	如何選人、育人、用人、留人、辭人	400 元
316	危機管理案例精華	400 元
317	節約的都是利潤	400 元
318	企業盈利模式	400 元

《商店叢書》

18	店員推銷技巧	360 元
30	特許連鎖業經營技巧	360 元
35	商店標準操作流程	360 元
36	商店導購口才專業培訓	360 元
37	速食店操作手冊〈增訂二版〉	360 元
38	網路商店創業手冊〈增訂二版〉	360 元
40	商店診斷實務	360 元
41	店鋪商品管理手冊	360 元
42	店員操作手冊（增訂三版）	360 元
43	如何撰寫連鎖業營運手冊〈增訂二版〉	360 元
44	店長如何提升業績〈增訂二版〉	360 元
45	向肯德基學習連鎖經營〈增訂二版〉	360 元
47	賣場如何經營會員制俱樂部	360 元
48	賣場銷量神奇交叉分析	360 元
49	商場促銷法寶	360 元
51	開店創業手冊〈增訂三版〉	360 元
53	餐飲業工作規範	360 元
54	有效的店員銷售技巧	360 元

55	如何開創連鎖體系〈增訂三版〉	360 元
56	開一家穩賺不賠的網路商店	360 元
57	連鎖業開店複製流程	360 元
58	商鋪業績提升技巧	360 元
59	店員工作規範（增訂二版）	400 元
60	連鎖業加盟合約	400 元
61	架設強大的連鎖總部	400 元
62	餐飲業經營技巧	400 元
63	連鎖店操作手冊（增訂五版）	420 元
64	賣場管理督導手冊	420 元
65	連鎖店督導師手冊（增訂二版）	420 元
66	店長操作手冊（增訂六版）	420 元
67	店長數據化管理技巧	420 元

《工廠叢書》

13	品管員操作手冊	380 元
15	工廠設備維護手冊	380 元
16	品管圈活動指南	380 元
17	品管圈推動實務	380 元
20	如何推動提案制度	380 元
24	六西格瑪管理手冊	380 元
30	生產績效診斷與評估	380 元
32	如何藉助 IE 提升業績	380 元
35	目視管理案例大全	380 元
38	目視管理操作技巧(增訂二版)	380 元
46	降低生產成本	380 元
47	物流配送績效管理	380 元
51	透視流程改善技巧	380 元
55	企業標準化的創建與推動	380 元
56	精細化生產管理	380 元
57	品質管制手法〈增訂二版〉	380 元
58	如何改善生產績效〈增訂二版〉	380 元
67	生產訂單管理步驟〈增訂二版〉	380 元
68	打造一流的生產作業廠區	380 元
70	如何控制不良品〈增訂二版〉	380 元
71	全面消除生產浪費	380 元
72	現場工程改善應用手冊	380 元
75	生產計劃的規劃與執行	380 元

77	確保新產品開發成功（增訂四版）	380 元
79	6S 管理運作技巧	380 元
80	工廠管理標準作業流程〈增訂二版〉	380 元
81	部門績效考核的量化管理（增訂五版）	380 元
83	品管部經理操作規範〈增訂二版〉	380 元
84	供應商管理手冊	380 元
85	採購管理工作細則〈增訂二版〉	380 元
87	物料管理控制實務〈增訂二版〉	380 元
88	豐田現場管理技巧	380 元
89	生產現場管理實戰案例〈增訂三版〉	380 元
90	如何推動 5S 管理（增訂五版）	420 元
92	生產主管操作手冊(增訂五版)	420 元
93	機器設備維護管理工具書	420 元
94	如何解決工廠問題	420 元
95	採購談判與議價技巧〈增訂二版〉	420 元
96	生產訂單運作方式與變更管理	420 元
97	商品管理流程控制(增訂四版)	420 元
98	採購管理實務〈增訂六版〉	420 元
99	如何管理倉庫〈增訂八版〉	420 元

《醫學保健叢書》

1	9 週加強免疫能力	320 元
3	如何克服失眠	320 元
4	美麗肌膚有妙方	320 元
5	減肥瘦身一定成功	360 元
6	輕鬆懷孕手冊	360 元
7	育兒保健手冊	360 元
8	輕鬆坐月子	360 元
11	排毒養生方法	360 元
13	排除體內毒素	360 元
14	排除便秘困擾	360 元
15	維生素保健全書	360 元
16	腎臟病患者的治療與保健	360 元

17	肝病患者的治療與保健	360 元
18	糖尿病患者的治療與保健	360 元
19	高血壓患者的治療與保健	360 元
22	給老爸老媽的保健全書	360 元
23	如何降低高血壓	360 元
24	如何治療糖尿病	360 元
25	如何降低膽固醇	360 元
26	人體器官使用說明書	360 元
27	這樣喝水最健康	360 元
28	輕鬆排毒方法	360 元
29	中醫養生手冊	360 元
30	孕婦手冊	360 元
31	育兒手冊	360 元
32	幾千年的中醫養生方法	360 元
34	糖尿病治療全書	360 元
35	活到 120 歲的飲食方法	360 元
36	7 天克服便秘	360 元
37	為長壽做準備	360 元
39	拒絕三高有方法	360 元
40	一定要懷孕	360 元
41	提高免疫力可抵抗癌症	360 元
42	生男生女有技巧〈增訂三版〉	360 元

《培訓叢書》

11	培訓師的現場培訓技巧	360 元
12	培訓師的演講技巧	360 元
14	解決問題能力的培訓技巧	360 元
15	戶外培訓活動實施技巧	360 元
17	針對部門主管的培訓遊戲	360 元
20	銷售部門培訓遊戲	360 元
21	培訓部門經理操作手冊（增訂三版）	360 元
23	培訓部門流程規範化管理	360 元
24	領導技巧培訓遊戲	360 元
25	企業培訓遊戲大全(增訂三版)	360 元
26	提升服務品質培訓遊戲	360 元
27	執行能力培訓遊戲	360 元
28	企業如何培訓內部講師	360 元
29	培訓師手冊（增訂五版）	420 元
30	團隊合作培訓遊戲(增訂三版)	420 元
31	激勵員工培訓遊戲	420 元

32	企業培訓活動的破冰遊戲（增訂二版）	420 元

《傳銷叢書》

4	傳銷致富	360 元
5	傳銷培訓課程	360 元
10	頂尖傳銷術	360 元
12	現在輪到你成功	350 元
13	鑽石傳銷商培訓手冊	350 元
14	傳銷皇帝的激勵技巧	360 元
15	傳銷皇帝的溝通技巧	360 元
19	傳銷分享會運作範例	360 元
20	傳銷成功技巧（增訂五版）	400 元
21	傳銷領袖（增訂二版）	400 元
22	傳銷話術	400 元

《幼兒培育叢書》

1	如何培育傑出子女	360 元
2	培育財富子女	360 元
3	如何激發孩子的學習潛能	360 元
4	鼓勵孩子	360 元
5	別溺愛孩子	360 元
6	孩子考第一名	360 元
7	父母要如何與孩子溝通	360 元
8	父母要如何培養孩子的好習慣	360 元
9	父母要如何激發孩子學習潛能	360 元
10	如何讓孩子變得堅強自信	360 元

《成功叢書》

1	猶太富翁經商智慧	360 元
2	致富鑽石法則	360 元
3	發現財富密碼	360 元

《企業傳記叢書》

1	零售巨人沃爾瑪	360 元
2	大型企業失敗啟示錄	360 元
3	企業併購始祖洛克菲勒	360 元
4	透視戴爾經營技巧	360 元
5	亞馬遜網路書店傳奇	360 元
6	動物智慧的企業競爭啟示	320 元
7	CEO 拯救企業	360 元
8	世界首富　宜家王國	360 元
9	航空巨人波音傳奇	360 元
10	傳媒併購大亨	360 元

《智慧叢書》

1	禪的智慧	360 元
2	生活禪	360 元
3	易經的智慧	360 元
4	禪的管理大智慧	360 元
5	改變命運的人生智慧	360 元
6	如何吸取中庸智慧	360 元
7	如何吸取老子智慧	360 元
8	如何吸取易經智慧	360 元
9	經濟大崩潰	360 元
10	有趣的生活經濟學	360 元
11	低調才是大智慧	360 元

《DIY叢書》

1	居家節約竅門 DIY	360 元
2	愛護汽車 DIY	360 元
3	現代居家風水 DIY	360 元
4	居家收納整理 DIY	360 元
5	廚房竅門 DIY	360 元
6	家庭裝修 DIY	360 元
7	省油大作戰	360 元

《財務管理叢書》

1	如何編制部門年度預算	360 元
2	財務查帳技巧	360 元
3	財務經理手冊	360 元
4	財務診斷技巧	360 元
5	內部控制實務	360 元
6	財務管理制度化	360 元
8	財務部流程規範化管理	360 元
9	如何推動利潤中心制度	360 元

為方便讀者選購，本公司將一部分上述圖書又加以專門分類如下：

《主管叢書》

1	部門主管手冊（增訂五版）	360 元
2	總經理行動手冊	360 元
4	生產主管操作手冊（增訂五版）	420 元
5	店長操作手冊（增訂五版）	360 元
6	財務經理手冊	360 元
7	人事經理操作手冊	360 元
8	行銷總監工作指引	360 元

9	行銷總監實戰案例	360 元

《總經理叢書》

1	總經理如何經營公司(增訂二版)	360 元
2	總經理如何管理公司	360 元
3	總經理如何領導成功團隊	360 元
4	總經理如何熟悉財務控制	360 元
5	總經理如何靈活調動資金	360 元

《人事管理叢書》

1	人事經理操作手冊	360 元
2	員工招聘操作手冊	360 元
3	員工招聘性向測試方法	360 元
5	總務部門重點工作	360 元
6	如何識別人才	360 元
7	如何處理員工離職問題	360 元
8	人力資源部流程規範化管理（增訂四版）	420 元
9	面試主考官工作實務	360 元
10	主管如何激勵部屬	360 元
11	主管必備的授權技巧	360 元
12	部門主管手冊（增訂五版）	360 元

《理財叢書》

1	巴菲特股票投資忠告	360 元
2	受益一生的投資理財	360 元
3	終身理財計劃	360 元
4	如何投資黃金	360 元
5	巴菲特投資必贏技巧	360 元
6	投資基金賺錢方法	360 元
7	索羅斯的基金投資必贏忠告	360 元
8	巴菲特為何投資比亞迪	360 元

《網路行銷叢書》

1	網路商店創業手冊〈增訂二版〉	360 元
2	網路商店管理手冊	360 元
3	網路行銷技巧	360 元
4	商業網站成功密碼	360 元
5	電子郵件成功技巧	360 元
6	搜索引擎行銷	360 元

《企業計劃叢書》

1	企業經營計劃〈增訂二版〉	360 元
2	各部門年度計劃工作	360 元

3	各部門編制預算工作	360 元
4	經營分析	360 元
5	企業戰略執行手冊	360 元

在海外出差的⋯⋯⋯⋯
臺 灣 上 班 族

　　愈來愈多的台灣上班族，到海外工作（或海外出差），對工作的努力與敬業，是台灣上班族的核心競爭力；一個明顯的例子，返台休假期間，台灣上班族都會抽空再買書，設法充實自身專業能力。

　　[憲業企管顧問公司]以專業立場，為企業界提供最專業的各種經營管理類圖書。

　　85%的台灣上班族都曾經有過購買（或閱讀）[憲業企管顧問公司]所出版的各種企管圖書。

　　建議你：工作之餘要多看書，加強競爭力。

建立企業圖書館

當市場競爭激烈時：

培訓員工，強化員工競爭力
是企業最佳對策

「人才」是企業最大的財富。如何提升人才，是企業永續經營、戰勝對手的核心競爭力。積極培訓公司內部員工，是經濟不景氣時期的最佳戰略，而最快速的具體作法，就是「建立企業內部圖書館，鼓勵員工多閱讀、多進修專業書籍」

建議您：請一次購足本公司所出版各種經營管理類圖書，作為貴公司內部員工培訓圖書。使用率高的（例如「贏在細節管理」），準備 3 本；使用率低的（例如「工廠設備維護手冊」），只買 1 本。

商店叢書 ⑥⑦   售價：420 元

店長數據化管理技巧

西元二○○九年十一月　　　　　　初版一刷

西元二○一六年二月　　　　　　　修訂一版一刷

編輯指導：黃憲仁

編著：任賢旺　江定遠

策劃：麥可國際出版有限公司（新加坡）

編輯：蕭玲

校對：劉飛娟

發行人：黃憲仁

發行所：憲業企管顧問有限公司

電話：(02) 2762-2241　　(03) 9310960　　0930872873

電子郵件聯絡信箱：huang2838@yahoo.com.tw

銀行 ATM 轉帳：合作金庫銀行　　帳號：5034-717-347447

郵政劃撥：18410591　　憲業企管顧問有限公司

江祖平律師顧問：紙品書、數位書著作權與版權均歸本公司所有

登記證：行政業新聞局版台業字第 6380 號

本公司徵求海外版權出版代理商　(0930872873)

本圖書是由憲業企管顧問（集團）公司所出版，以專業立場，為企業界提供最專業的各種經營管理類圖書。

圖書編號 ISBN：978-986-369-037-5